书 评

"就像任何一本优秀的旅游指南一样，吉姆·贝尔的《星际旅行终极指南》给出了你在太空旅行时要带什么和穿什么的一些建议。当然，我们不会离开几百年。但现在，请你看看这些图像——仅这些图片就会让你有打包行李准备出发的冲动！"

——比尔·奈（Bill Nye），行星学会 CEO

"这本令人惊叹的太阳系旅游指南用浅显易懂的科学语言、发人深思的挑战和美丽的图像，把你带到各个天体上。这是一本属于每个有伟大梦想的人的床头之书！"

——斯科特·帕拉津斯基（Scott Parazynski），宇航员，Tech CEO，《苍穹之下》（The Sky Below）作者

"想在金星上烤翅或在福波斯（火卫一）上享用美食吗？吉姆·贝尔的这本书是你太空背包中的必备指南。去哪里、看什么、怎么打包，知道这些之后，2218 年到来之时你就已经准备好登上火箭了。在我们得到真正的银河系漫游指南之前，这本书是解密太阳系最热和最冷地点的最佳选择。"

——乔恩·朗姆博格（Jon Lomberg），空间艺术家和旅行者号探测器黄金唱片项目设计总监

"《星际旅行终极指南》充满对月球两极的未来酒店和火星火山缆车的奇思妙想。穿越太阳系及太阳系外许多天体的旅程既是一个有趣的旅程，也是一个充满天文知识的旅程！"

——埃米莉·勒科达瓦拉（Emily Lakdawalla），行星学会资深编

吉姆·贝尔的其他书

《来自火星的明信片》·《火星 3D》·《月球 3D》

《天文之书》·《星际时代》

星际旅行终极指南

通往宇宙的未来之旅

终极指南

[美]吉姆·贝尔 著

郑建川 丁丁 译

重庆大学出版社

目　　录

作者的话
VI

引言

为你的星际探险做准备
VIII

4

在火星上过暑假！
35

1

在月球上过周末
1

5

实地考察福波斯
49

2

在金星上升温
15

6

得摩斯上的抒情爵士乐
57

3

在水星上翱翔
25

7

近距离接触近地小行星
65

8

晒晒太阳！
73

9

主小行星带之旅
81

10

探索木星和大红斑
91

11

参观欧罗巴和木星卫星
101

12

泰坦和土星的美妙景象
109

13

恩克拉多斯和土星冰卫星
117

14

参观天王星、海王星
和冥王星
125

15

太阳系外航行：TRAPPIST-1
恒星及以外的恒星！
133

延伸阅读 142 · 致谢 144 · 图片来源 145

作者的话

　　毫无疑问，我们现在所生活的时代将有一天会被历史学家定义为探索太阳系的黄金时代。自20世纪50年代末进入太空时代以来，人类已经发射了各种探测器去飞越、环绕、登陆或者漫游太阳系中各个不同的天体。我们已经获得了大量有关地球周边天体的信息，其中最重要的一点是，我们地球（至少在整个太阳系中）是多么特殊且无可取代的。50年以前人类就进行过历史上最为大胆的太空探险，然而，如今我们处在了一个十字路口上，这几十年近地轨道探测的任务不断减少，人类太空探索的未来将会怎样？

　　我是一个天文学家和行星科学家，在二十多年里一直积极地参与NASA（美国国家航空航天局）的机器人太阳系探测项目（robotic solar-system-exploration missions）。我见过许多天体，从仅仅只是一个光点，到我特别渴望去探访的地外目的地。我见过NASA和其他航天局为到达地球周边天体而设计、建造以及起航的轨道器和漫游器，它们都为人类最终的探测铺下了坚实道路。正因为作为"航天物种"的我们在太空探索的第一个五十年里就有如此令人惊叹的进展，我相信人类必然有一天会成为"多行星和多恒星系统物种"。

　　令人震撼的科学发现以及对未知的好奇激励我们不断探索。同时我相信我们也会被漫游精神鼓舞，活出新的生命感悟与挑战。正是有了这样的动机，地球上才会出现大量的旅游产业。地球为我们提供了各式各样的旅行体验，对全球范围内不计其数的公司来说，这俨然已成为一种成功的商业模式。在我看来，这种模式会因为技术需求的发展而不断升级，最后会形成一个基于太空范围的旅游行业。这个简单的假设正是本书的基础。

　　对当前已有技术进行合理推断，再联系我们探访周围天体所需的环境学、工程学等科学知识，我异想天开地把所处环境设置在200年之后，给那些正在考虑去太空度假旅行的人们提供一本旅游指南。根据我们在过去半个世纪中对这些天体的了解，我试图把这样一个关于未来太空旅游的假设真实化（不需要传送器或者曲率引擎）。然而，即使是从现在开始计算的两百年后，仍有许多现实问题需要我们思考。太阳系很大，即使我们合理假设能使用更先进的推进技术，我们最快也需要数周才能到达太阳系内的目的地，有些地方甚至可能需要数月或数年的时间才能到达。

　　我挑了一些地方作为未来旅行的目的地，一方面是由于本书实际篇幅的限制，另一方面也是因为我想集中关注我所认为的太阳系"必看景点"。这里的许多景点已被收录在NASA定制的太空旅行海报精选集里，这些海报激发了我的写作灵感。你可以把随书附赠的八幅精美太空旅行海报贴在墙上。未来可能的空间探索以及穿越太阳系的旅游不仅启发了画家，还影响了诗人、小说家、音乐人以及电影人。希望你同样能受到启发，享受这样的旅行，至少在脑海里会有这些天体盛大的场景。就像地球一样，太阳系的其他天体同样为那些对地质学、气象学、摄影、登山、攀岩、极限运动、户外探险，甚至为对科学探险历史感兴趣的人提供了探索空间。

目前我们已经知道了一些太空旅游的例子。比如，从 2001 年开始，俄罗斯太空计划就一直在向国际空间站输送"游客"，当时的美国商人、百万富翁丹尼斯·蒂托（Dennis Tito）在联盟号（Soyuz）上预订了一次旅程。从那时起，许多非常富有的或是有影响力的人也开始为飞跃地球付费。最近成立的一些名为"新太空"的公司，正在计划向人们提供到太空或到亚轨道宇宙飞船边缘的高空气球旅行。例如，维珍银河公司（Virgin Galactic）已经售出超过 750 张的预售票，每张价值 25 万美元。虽然 NASA 和其他国家的航天局都还没有具体的载人火星任务计划，但一些初创企业包括美国太空探索技术公司（Space X）和火星一号（Mars One）在内的几家公司已经开始向有购票能力的人推销前往火星的旅行了（其中一些还是单程票）。大部分人的对此评价都还是积极的，但仍有人在质疑，毕竟太空旅行的价格并不是下一次家庭度假时就能负担得起的，并且不实际。

然而，这一切都会改变，在接下来的五十年到一百年里，包括深空目的地在内的太空旅行可能会像今天的飞机旅行一样普通。部分计划已经得到落实：特殊政府项目的存在正是为了提高商业航天产业的能力（正如政府在 20 世纪 20 年代为商业航空产业所做的那样）；初创企业致力于以科学、探索和旅游为目的的人类太空旅行；政府之间开始讨论更新或以其他方式修正与空间和其他商业行为有关的国际条约。

如果你在 1918 年和某个人说，到本世纪末，

MARS
EXPLORERS WANTED

火星探险者梦寐以求的。
在火星上攀岩不是很有趣吗？

中产阶级家庭有可能通过两到三次的航班飞行到达地球的任何地方进行旅行，这个人可能会觉得你疯了。那么我在 2018 年宣称，到本世纪末，有可能通过两到三次太空航班飞行到太阳系的任何地方去旅行，你也有权利认为我疯了。然而无论需要等待多久，我相信太阳系的旅行最终一定会到来，到时候会出现数不胜数的外星景点，还会有壮丽的景观、独特的冒险以及个人教育与成长的各种机会如雨后春笋般涌现，甚至有一天我们会跨越整个太阳系飞到更远的地方。安全飞行，确保提前订票！

——吉姆·贝尔
于亚利桑那州，梅萨

为你的星际探险做准备

最终你还是决定开始那个期待已久的"飞离地球旅程"了吧？那么，你来对地方了。欢迎阅读《星际旅行终极指南》2218 版！我们已经汇集了小贴士、技巧和必看的景点来帮助你完成一场精彩的冒险之旅。无论你是在计划一场快速到达月球的旅行还是想花更长的时间悠闲地巡航到冥王星，你都可以在这里了解到具有历史性和科学性的知识、数据以及内部信息，让你的出行成为终生难忘的旅程。

我们的太阳系以及系外目的地充满了奇妙而壮观的自然和人造景观。你的选择几乎是没有任何限制的，旅行时间也可长可短。你可以选择已制订好的豪华旅行套餐路线，也可以只选择自己特别想去游览的景点。单人的、双人的或是家庭的旅行，这里有多种游玩方式供你选择。

本指南是根据你的旅行时长来制订的，从离地球较近的景点开始，围绕内太阳系，之后再到小行星带和外太阳系，其中还包括一个非常值得期待的新路线——游览 TRAPPIST-1 恒星附近的一些类地行星。专业的天文学家、行星科学家、天体生物学家、艺术家、空间技术和火箭工程师已经搜集了大量知识信息，其中包括许多壮丽景观的图片以及令人神往的海报，这些都能帮助你去制订一个完美的旅行。你想攀登太阳系中最高的火山吗？你想从最高的冰岩上跳水吗？你想钻进桶里，然后从甲烷瀑布上冲下来吗？想经历一场强于地球上三倍的风暴吗？想享受一顿被数以亿计房子大小的闪闪发光的冰晶所环绕的浪漫晚餐吗？这一切，甚至更好的旅行，都是可实现的，而且你所需要的细节全都在这里。

除了描述众多景点最精彩的地方以外，我们还为你准备了一些令人兴奋的科学知识和空间探索历史，这些一定会丰富你的旅程。谁是第一批发现并绘制这些景点的探索者，人类还是机器人？我们能从这些早期的任务中学到什么？为什么有些地方会被划定为历史遗迹、自然保护区或是科学研究站？哪个公司正在想办法从月球、火星、小行星和彗星上开采水和贵金属等自然资源，从而为他们的旅游服务事业提供最好的设施？何处是你旅游中最好的住宿、娱乐和用餐的选择？我们已经有了答案！

首先，让我们一起仔细检查一下基本后勤以及重要的启程计划吧，充分的准备是成功历险的保障。

我们需要你。
穿上宇航服出航，探索太阳系。

我们需要带什么样的行李

早在 20 世纪初，法国飞行员先驱安东尼·德圣埃克苏佩里（Antoine de Saint-Exupéry）就已经很好地总结过："能快乐旅行的，一定是轻装上路的人。"我们强烈建议你把这个忠告牢记在心，尤其是当你在规划即将到来的星际旅行时。

与早期太空时代不同，如今我们在太阳系的行星、卫星、小行星和彗星之间的旅行已经很常见，但携带大量的食物、衣服、电子设备或其他物品仍然是一项挑战。经验丰富的太阳系旅行者都知道，

理解"重力"概念

宇宙中的一切物质都会相互吸引，而这种引力的强度（称为重力）仅取决于质量大小。大质量星系的引力可以吸附很多恒星，恒星又可以吸附很多行星，行星又吸附了很多卫星。强大的地球的重力（称为1-g，一个重力加速度）可以使我们和其他物体都处在地球表面。发射到轨道上的太空飞船处于持续自由落体状态，只要飞船没有加速或减速，乘客就会体验失重或0-g状态（这就是为什么旋转飞船可以使用离心力来模拟重力加速度1-g）。去月球旅行时，因为月球的质量比地球小很多，所以人在月球所受的重力也比地球小很多（具体来说，月球的重力只有地球的六分之一）。虽然火星的引力比月球的引力要大一些，但是也不过是地球引力的八分之三。像福波斯（Phobos，火星的卫星之一）、得摩斯（Deimos，火星的卫星之一），还有近地小行星和主带小行星这些小天体，它们的重力很小，甚至到了"微重力"水平，大概只有地球重力的0.01％到3％。在这样的环境下，你一定要小心谨慎，以免掉入太空中！

许多公共或私人的航天公司会对重量或体积超标的行李收取更多的行李费，因为这与发射成本和货舱尺寸大小的实际情况直接相关。因此我们在装箱打包时需注意轻装上阵并注意以下几点：

衣服

你在一个舒适的失重（零重力加速度环境）情况下巡航各个景点时，应考虑携带一些轻便的衣服。另外，在一些大型飞船的标准低重力模拟隧道和走廊里还应选择质量好的防滑袜（许多人仍然喜欢老牌的Velcro®），如果你乘坐带重力加速度的旋转飞船前往旅游景点，可能还要带上短裤、T恤和舒适的运动鞋。如果你预定的是需要穿正装的豪华旅行，请查看你所属的空间航线，公司会提供燕尾服和长袍租赁服务。

电子设备

虽然许多专业摄影师会携带非常专业的设备，但一般而言，用一个普通的手持式照相机拍摄壮观的宇宙景观已经足够。另外，如果你有生物电子视觉增强功能的设备，那么除了一些太阳系中距离很远的景点，你完全可以在星际标准无线信号范围内来存储和传输所有照片和视频。

药品

一定要记得带与你的健康状况相关的特定药物，以及充足的非处方药物，这样才能抵抗常规的太空疾病，比如由于重力的变化而引起的头晕和恶心。当然，大多数的太空航线和度假胜地都有完善的药房和旅游医疗设施，但是你会为图方便而支付昂贵的费用。

到达目的地之后，如何出仓呢？很简单：除非你是一位经验丰富的旅行者，并且还有自己的专业太空服和生命保障设备，否则就只能依靠当地人！整个太阳系的环境差异很大，包括极端的温度、压力和辐射。当地的旅游专家花了几十年的时间不断优化太空服、个人旅行吊舱以及供小型观光团体使用的旅游船。我们会在每章的"当地风情"部分重点介绍一些特殊内幕。请相信这些当地旅游专家的技能和经验。

旅行和住宿

这里有很多持有营业许可的商业航天运输飞船，你可以在上面预订舱位和回程票（除非你计划的是单程旅行）。这些飞船上有从经济型到豪华型等各式各样的客房。有像在其他旅行中见到的那种可以躺下的小型冬眠舱，也有配备超大视野的特大号套房。从字面上来说，天空是有边界的，但旅行项目的选择主要取决于你愿意花多少钱以及你打算花多长时间。有的太阳系景点的巡航时间可能相对较短（只需要几天到几周），但有的可能相当长（几年或更长时间）。飞越太阳系到最近的恒星会花费更长的时间，比如，到距离地球有 40 光年的 TRAPPIST-1 星系的星际旅行，可能需要 80 年或更长的时间！因此，请务必将你的耐心、预算以及你的预期寿命都纳入你巡航旅行的计划中去。

在离开地球进入深空旅行之前，你可以考虑其中的一些游览选择，并在地球轨道上多待一阵子。

地球，太空中的绿洲，这里空气是免费的，呼吸是惬意的。离开地球的旅行必将令你对我们独一无二的地球家园有更多的欣赏和感激。

再次重申，这些选项的范围由极简到奢华不等。早期像校车车位大小般狭窄的"轨道罐头"时代已经

天文单位

太阳系的尺度比我们通常在地球上所碰到的距离要大得多，因此很难把握。数百甚至数千英里的距离我们可以心中有数，但数百万量级的距离怎么把握？数十亿量级呢？为了使这些距离可以得到直观的认知，天文学家引入了天文单位的概念，即 AU。1 个 AU 就是地球和太阳之间的距离，即大约 1.5 亿千米。水星离太阳近一些，距离约为 5 800 万千米，约等于 0.39 AU。火星距太阳更远，距离约 1.5 AU。明亮的彗星会在高度椭圆的轨道上运行成千上万年，它们会飞离太阳数百个甚至数千个 AU 的距离，然后再慢慢返回太阳。太阳本身的引力影响范围有大约 30 000 AU 的距离，大致相当于 1 光年（即以光速旅行 1 年的距离，光速为 30 万千米每秒）。

过去，观光服务业数百年的经验和实践已优化了针对各个背景和年龄层的单身、夫妻和家庭在宾馆和度假村上的选择。无论你是想找几天既能安静思考，又能通过低轨道欣赏蓝色星球美景；或是想在高轨的地球同步轨道上的"蜜月度假村"里度过一周的浪漫观星之旅；还是想花几周的时间在"失重主题公园"里来一场家庭冒险之旅，这里有多个选项供你挑选。如果月球不是你最终的目的地，那么请考虑将其中一个月球基地作为前行的附加选择（详情请参阅第 1 章）。

一旦到达你的目的地，通常到处游览的方式是：待在你的飞行器内继续轨道游览、往返于星球表面的短途旅行，或是乘坐专门设计的太空飞行器到大气层中去，也可以使用地面探测器或潜艇（在欧罗巴上），当然还可以穿上合适的宇航服进行徒步旅行。为了更好地帮助你完成冒险旅行，我们提供了地图，上面列出了最受欢迎的景点和地标，并用金色的五角星标示了基地、研究中心、旅游和休闲活动点。每章的"不要错过……"部分用易于识别的图标来指示每一项的可用功能，来指导你完成最独特和最合意的旅游活动。

考虑当地的住宿时，一定要提前计划。某些住宿选项只有做好充分的计划才可行。房间通常是有限的，比如，在一些有极端环境限制的旅游景点的特殊游览时（请参阅下面的"当地传统和条件"的部分），或者是某些事件需要特定的时间或者地点才能发生的，例如日食或是间歇泉喷发等。在本书中，我们列出了已经确定的选项。然而，有些地点，特别是那些最近才成为旅游景点的偏远卫星或小行星，它们那里可能只有一个住宿选择，而且住宿条件非常简陋！请提前做好功课。

参观没有寄主恒星的行星。PSO J318.5-22 上的夜生活从不收场！也许有一天你可以前往太阳系外的行星，如 PSO J318.5-22，这是一颗没有主星的流浪行星。

当地传统和条件

最后，请记住，你正在离开你所生活的星球——那个你真实居住过的避风港，现在要将自己置身于极其恶劣的、与地球环境完全不同的状况中去，如果你没有提前准备好，这样的环境会直接让你失去生命。花点时间了解一下你、你的队友、工作人员以及为应对困难而准备的设备。充分地、专注地参加你在旅行前的安全及装备的培训。在旅行前，让自己的身体素质达到最佳状态，这样才能度过对你来说可能是整个人生中对体能要求最严格的一次旅行。要充分了解在碰到不可预测的困境时，什么装备能够挽救自己和他人的生命。

太空旅行是非常规的，千万不要靠自己的经验来准备这次旅行。当我们在太阳系的各个刺激景点里描述可探索和冒险的机会的同时，我们还将使用最新的科学信息，让你了解可能会遇到的大气、地表或地下环境的状况，无论是在你往返于这些景点的航行过程中，还是当你在"荒野生存"的时候。请注意你周围的天体，保证安全、小心谨慎，抓紧喽，我们要出发了！

本书中使用的关键图标

在本书的"去前准备"和"不要错过……"部分，你会看到一些帮助你识别餐饮和娱乐点的图标，以及潜在危险的提示。这些包括：

本书中使用的关键图标

景　点

洞穴
陨石坑
餐饮
极限运动
家庭适宜
美好风光
徒步 / 户外活动
历史
冰
山
火山 / 岩浆

警　告

酸雨
黑暗 / 光线异常
沙尘
极端温度
高 / 低 重力
高压强
长时间旅行
辐射
崎岖地貌
其他灾害

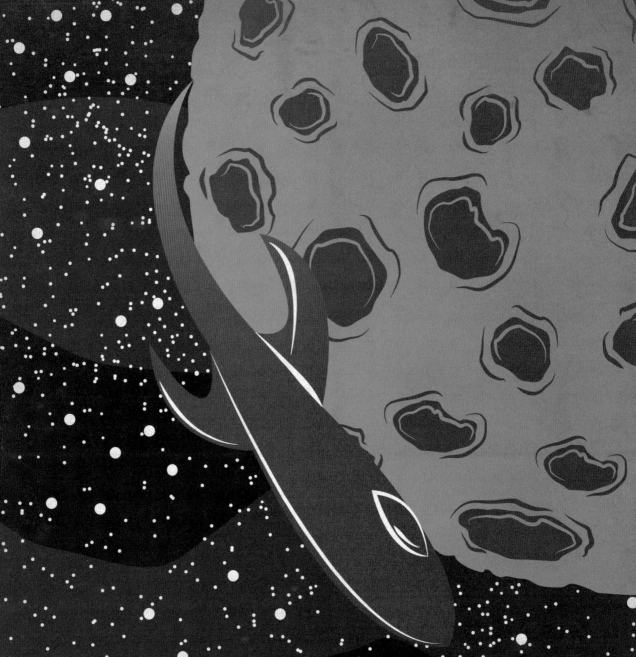

THE MOON

Come Visit "Humanity's Backyard!"
ONLY 230,000 Miles Away!

1

在月球上过周末

　　在地球上生活的我们，非常幸运地拥有一个离地球很近的太空旅游胜地——月球。月球是距离地球最近的天体，并且正因为月球的存在，地球成为太阳系中唯一一颗拥有行星大小的天然卫星的天体。（虽然火星也有福波斯和得摩斯两颗很值得游览的卫星——参考第 5 章和第 6 章——但是它们的大小远远小于火星本身。）月球的直径大约只有地球直径的四分之一，它的总表面积略小于亚洲大陆。月球上有很多地方值得我们去发现和探索。

对页：月球，快来探访人类的后花园！它距离地球只有 23 万英里！赶快打包行李、点火发射，让我们去月球上度个周末并展开更多的探索吧（月球，插图由 Indelible Ink Workshop 绘制）。

几千年以来人类一直梦想能登上月球。现在至少已经有 12 个人实现了这个梦想——在 20 世纪 60 年代，NASA 的阿波罗计划已经将第一批宇航员送上了月球，并开始研究这个离我们最近的"邻居"。利用宇航员们带回的月球岩石和土壤的样本，我们已经得知月球的形成时间比地球晚了大约 3 000 万至 5 000 万年，它可能是由一个巨大的碰撞而形成的。让我们想象一下，在 45 亿年以前，有一个火星大小的行星擦碰了当时年幼的地球，顿时岩石或熔岩四处飞溅。当地球从这次碰撞冷却下来之后，一些散落的岩石碎片进入了环绕地球的轨道，并最终合并形成了现在的月球。这是多么神奇啊！

在月球表面有许多早期撞击留下的旧疤痕，也有成千上万的小行星和彗星撞击月球形成的新疤痕，这些多样的奇异地貌非常值得我们去探索。虽然你可能还得像 20 世纪的宇航员先辈那样，穿着性能优良的宇航服，不能离开供氧设备，但是现在，你不需要成为一个训练有素的宇航员就可以实现自己的月球旅行。

去前准备

事实上，尽管已经有成千上万的人在月球上工作生活，但月球的环境仍然十分恶劣和艰苦。就像许多其他类型的冒险旅游和极限运动那样，如果你

月球的正面（左）和背面（右）地图显示了几个主要的月球基地和观光景点。星形标注点就是基地和观光地点。

没有精心准备，你可能会受伤或者失去生命。因此，在你进行各种月球探险活动之前，你要做好准备迎接以下挑战。

极端温度

月球上在不同时间和地点的温度可能从 -233℃ 到 122℃ 不等。当你离开温控的休息区或基地时，你必须确保你的宇航服能够适应月球上的极端温度。除非你是一个非常有经验的旅行者，并且拥有宇航服和生命支持设备，不然你最好还是使用当地提供的宇航服。月球工程师和旅行专家用了上百年时间为游客设计了最适合月球旅行的宇航服、单人旅行器和小型的团体观光车。所以你完全可以放松下来，信任他们的技术和经验。请你提前检查你的旅行线路，并预定合适的旅游装备，以免被滞留在宇宙飞船内。

低重力

因为月球比地球要小，所以它的表面重力加速度（g）也比地球要小一些；在月球上，你会发现体重只有地球上的16%！虽然在零重力和低重力的地方，你的体重看起来会更轻，但是你会面临如何使用"太空腿"等许多挑战。

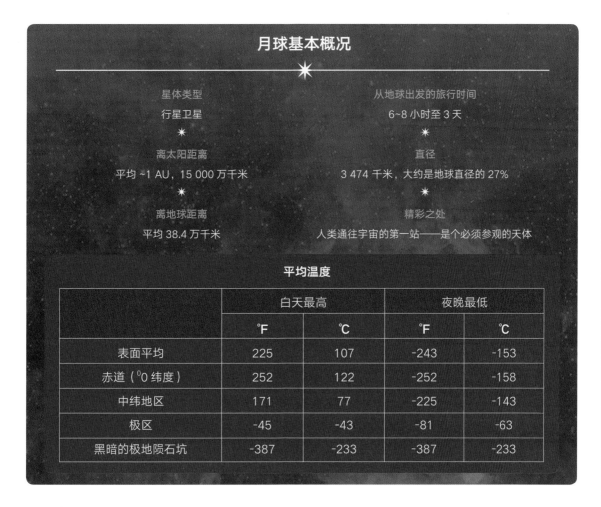

月球基本概况

星体类型
行星卫星

从地球出发的旅行时间
6~8 小时至 3 天

离太阳距离
平均 ~1 AU，15 000 万千米

直径
3 474 千米，大约是地球直径的 27%

离地球距离
平均 38.4 万千米

精彩之处
人类通往宇宙的第一站——是个必须参观的天体

平均温度

	白天最高		夜晚最低	
	°F	℃	°F	℃
表面平均	225	107	-243	-153
赤道（°0 纬度）	252	122	-252	-158
中纬地区	171	77	-225	-143
极区	-45	-43	-81	-63
黑暗的极地陨石坑	-387	-233	-387	-233

即使你觉得已经可以应对月球上的低重力情况了，也一定要小心。月球上的低重力事故经常发生（甚至是阿波罗计划中的宇航员也跌倒过多次），至少在你的身体完全适应低重力环境之前要小心。当你登月后穿上宇航服在低重力环境下开始练习走路、跳跃和奔跑时，请不要着急。要记住——在 20 世纪时的首个宇宙飞船和空间站上已经发现——在低重力环境下，人体的肌肉会变弱甚至是（长时间的太空旅游后）萎缩。你需要参加月球基地或住所里的健身训练团。这些专门设计的健身器材能使你的肌肉和骨骼保持强健，确保你能在地球上的重力环境下正常生活。当你在为低重力的环境下旅游做准备时，请不要忘记你同样也需要为返回到具有更强重力的地球做准备。

最后，你必须熟悉旅行中或景点里的安全和紧急措施。请记住，人体本身并不能抵抗太空中的恶劣环境。

你需要准备好应对在月球上或去月球途中的低重力环境，装上轻的行李，带上最重要的物品；轻便的休闲衣服可以让你在零重力和微重力环境下感到舒适，穿紧的尼龙袜能方便你通过低重力隧道或一些大飞船的走廊。

如果你在旅途中的得了"太空病"（许多人都会在零重力环境中感到不适），你要花时间来休息和恢复。在开始月球旅游前，你得安排至少 2 天左右的休息时间来适应月球上的环境，在这段休闲时光，你可以举目凝视一直悬挂在月球上漆黑的天空中蓝色星球（地球）。

崎岖地貌

当你在低重力环境中摔倒时，月球上陨石坑和其他不平的表面很容易割烂或剐蹭你的宇航服。所以需要戴好护肘、护腕和护膝垫子来保护宇航服，并且检查宇航服是合身的，这一点在你的首次旅游中一定要注意。

黑暗

在月球上，有半个月球日是处于黑暗之中，大约有 350 小时；月球环绕地球一周大概需要 700 小时。我们有许多方法来度过月球上的黑夜，就像地球上的夜间动物那样。人们在月球上可以选择穴居地下，许多人选择参加月球基地的各种室内活动。在月球基地里，我们可以利用人造灯光保持 12 小时白天和黑夜的日程。不论外部是白天还是黑夜，基地里的温度都是恒定的。你如果想勇敢地尝试一下寒冷的黑夜，那就参加一次阿波罗公园、月亮公园和一些以徒步为主的夜间观光路线。在月球夜晚，观光的人数不多，你必须确保宇航服绝对密闭，因为外面非常寒冷。

不要错过……

无论你的旅游时间仅仅是周末 2 天，还是 1—2 周，甚至你想在月球上退休，你都一定要将以下重要的景点规划到你的旅行日程中。

阿波罗国际历史公园 📖👫

让我们从面向地球这一侧的六个月球景点开始旅行吧，这些景点是第一批宇航员们到达的地点。你也许只选择观光其中一个阿波罗登陆景点［大多数游客会选择的首次登陆点，是著名的宇航员尼尔·阿姆斯特朗（Neil Armstrong）和巴兹·奥尔德林（Buzz Aldrin）使用阿波罗 11 号"猎鹰"登陆器登陆的地方——静海基地（the Sea of Tranquility）］，或是把所有的六个地点按历史顺序游览一遍，每个景点的导游都会向你介绍这些重要文明景点的历史背景和在此获得的主要科学成就。

月球细腻粉尘表面上巴兹·奥尔德林的鞋印。

这些景点都被精心地恢复到原先阿波罗计划时的样子了，它们被一个透明的圆形罩子保护起来，以防被风化或破坏。按照当时（1969—1972 年）宇航员遗留下的痕迹，登陆器、月球车、旗子和科学实验设备被整齐排列。尽管不能在它们中间走动，但你可以报名参加一项专门的保护罩内的观光活动，使用悬

停 - 重力技术，不直接接触到它们的表面。骑行飞行员会将你带到登陆器——著名的月球车那里，带你体验一系列阿波罗任务。请一定要尽早报名，因为这些观光的票通常很快就会被卖完。

最近，阿波罗公园又增加了五个 NASA 的勘测者号（它们在 1966—1968 年登月）着陆点，这里已经成了历史和科学爱好者们必看的景点！

月球公园 📖👫

如果你并不满足于只看早期的太空计划的月球探测器，可以到月球星际历史公园去旋转。目前，这个月球公园包括了五个历史观光地点，它们分别有能自动采取月球样本的、1970—1976 年的苏联月神 16 号、20 号和 24 号登陆器；还有用于探测月球表面的月神 17 号的月球车 1 号和月神 21 号的月球车 2 号。你还可以快速游览月球公园，月球公园的导游们可以带你遍历月球车的足迹，还能让你尝试使用地球上的实时控制器来排除月球车道路上的障碍。

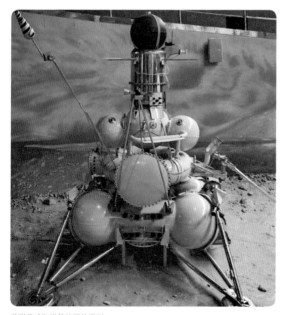

苏联月球取样着陆器的模型，
它们曾用于 20 世纪 70 年代的三次月球机器人采样返回任务。

首个月球登陆点

首次在月球登陆的并不是来自地球的宇航员，而是美国和前苏联发射的机器人使者，它们被用于研究月球的表面和勘测将来宇航员可能的登陆地点。从 1966 年 5 月到 1968 年 1 月，美国发射了 7 个机器人勘测者着陆器到月球，有 5 个成功着陆，其中勘测者 3 号的着陆点成为阿波罗 12 号宇航员的登陆地点。从 1963 年 1 月到 1976 年 8 月，苏联总共发射了多达 27 个机器人探测器试图登陆月球。然而，仅有 8 个探测器成功着陆（第一个成功着陆的是在 1966 年 1 月），但其中包括了第一批机器人任务（3 个探测器）带月球的样本回到地球，还包括第一批能在外星球上行驶的机器人月球车（其中两个月球车分别在 1970 年和 1973 年着陆）。这些早期的勘测点正被逐渐加入阿波罗公园和月球公园系统。

极区冰矿和附近景点 🚶 ⚙ ✗

月球的北极和南极的地下有大量的冰。开采、处理并将这些水资源分配给月球上的各个地方和设施（甚至太阳系中的其他基地）是月球的主要产业。因此，月球的极区是主要的观光旅游地。

冰矿

冰矿的观光旅游由专业机构管理，至今没出现过安全事故。所有参加冰矿旅游的人都一致认为到月球北极和南极附近旅游是非常值得的。大量的升降车（过去被用于从矿脉中运冰，现在不用了）已经被改造成了舒适的运送工具，专门用于把游客运送到地下几百米的地洞里。这是个密封的地洞，加入了空气保持常压，并加热保持温度舒适。导游将向你展示最早的（21 世纪末）设备是如何挖掘和运输冰的，而如今的先进设备又是如何运作的。如果你多待一阵子，你一定能学会如何在低重力环境下滑冰，在冰矿居民社区中溜冰场非常流行。

餐饮

目前地下矿场已经有了非常好的酒吧、歌厅和餐馆设施。要特别关注它们是否能提供名为"月球起源冰"（Lunar Origne Controlee，LOC）的饮料。LOC 水和冰来自非常古老的地下矿场（几乎没有来自土壤和岩石的污染）。地球（LOC 的主要出口地）和月球上的饮料爱好者或食物评论家们都非常推崇这种月球起源冰水，因为他们认为它不仅有特别的

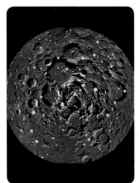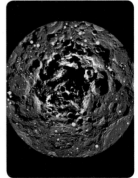

两个月球极区的视图显示了北极（左）和南极（右）的表面。
黄点表示在永久阴暗的区域中可能存在或者已经发现了的冰。

月球上的冰？

月球和地球一样，比其他太阳系中大多数天体都离太阳近。在合适的温度环境下（像地球一样），行星也可能存在液态水。但由于月球上没有大气层，因此它不能像在地球上那样保持水的温度或有液态水。由于没有空气，月球的表面就像一个真空瓶的内壁，在表面上的液态水会迅速蒸发变成水汽。甚至固态水——冰也不能在月球表面存在，因为在太阳光照射下，月球的白天温度会非常高，以至于将所有表面上的冰蒸发殆尽。

在月球北极或南极浅地表下所埋藏的冰是多么神奇啊。为什么这些冰在光照射下不蒸发呢？它的关键在于在接近月球的极地，有些地方从来不会被太阳照射。如果月球是完全平坦的，那么太阳将会一直在水平线之上，就像在地球上的阿拉斯加和南极洲那里一样，太阳会很低。然而月球并不是平坦的。在极地附近的陨石坑是非常深的洞穴，周围被山脊（陨石坑的边缘）所包围。有许多这样的陨石坑，太阳光的高度不能超过陨石坑的水平线，因此陨石坑的底部是永久阴暗的。

即使月球距离太阳较近，在那些黑暗、温度极低（零下几百华氏度）的地方，冰也无法蒸发。

但是那里怎么会有冰呢？由于行星会受到岩石小行星和冰彗星的撞击，这些小行星和冰彗星是在 45.6 亿年以前太阳系形成时所留下的。如果一个小冰彗星坠落在月球的赤道附近，那么阳光将蒸发所有的冰碎片。但如果一个冰彗星恰好坠落在月球极地附近的一个永冻陨石坑中，那么所有的冰将会保留在那里很久很久。

这些月球极地的冰矿床是在 20 世纪末被 NASA 的早期机器人空间探测器发现的。从那时开始，科学家们就开始研究这些冰，并用来研究太阳系的形成（除了冰，彗星还带来了干冰、甲烷冰和氮气冰）。这些区域已经成为月球或太空探险者的重要自然资源地。事实上，这些冰矿现在已成了太阳系的"金矿"，因为它们能提供水、辐射屏障和用于火箭燃料的氢气与氧气，还有用于呼吸的氧气。

宇宙矿的味道，还有巨大的市场前景。只有在这里，你才能坐在最古老的月球岩石上享受一杯为游客提供的 45 亿年前的水或威士忌，这些月球岩石比地球上所有能找到的岩石都要古老。

哥白尼环形山的橄榄石峰徒步旅行 📷 🌐 🧗

针对那些运动型星际旅行者，月球徒步旅行网络提供了许多条程度由易到难的徒步旅行路线。最出名的一条路线是攀登哥白尼环形山的中央峰，它

在近地侧月球表面的中心地区。在早期的太空项目中，宇航员发现这里的环形山富含橄榄石矿，这种含铁硅酸盐形成于岩石行星（像月球和地球）地幔的深部。一颗小行星约在 8 亿年前撞击了月球而形成了哥白尼环形山，撞击产生了巨大的爆炸，从而形成了直径为 93 千米的陨石坑。巨大撞击形成的环形山上中央峰的岩石来自非常深的地下，是在环形山之前形成的，这就是某些中央峰含有橄榄石的原因。地球上宝石质地的这种硅酸盐被称为橄榄

石，而月球上的徒步旅行者们也为哥白尼环形上最高的中央峰起了一个好听的名字——橄榄石峰（the Peridot Peak）。

橄榄石峰的小道盘绕在高达 1.2 千米的山上，许多折返的路径已降低坡度，路途中可以看到环形山的全景，包括山谷、岩壁和远处的平原。尽管太阳在天空中的位置相对比较低，许多路径在阴暗中，但是地球的反光足以让你看到路而不需要照明灯。摄影师们一定会特别喜欢这样的壮丽全景。也许你就会在沿途中踢到一块橄榄石，谁知道呢。

阿里斯塔克斯高原的熔岩管道

如果你参观过阿波罗公园的哈德利月溪（Hadley Rille，阿波罗 15 号的着陆点），你会看到一个熔岩管道：一条长而弯曲的管道，一条熔岩的河流一度流经地表。因为管道顶部原来的覆盖物早

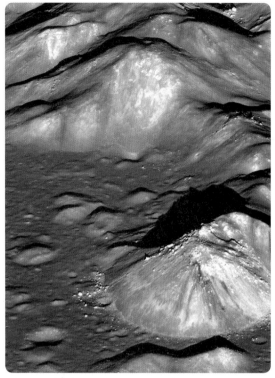

哥白尼环形山中央峰视图。当地远足俱乐部非正式地把靠近图中心 4 000 米宽、700 米高的山峰命名为橄榄石峰。

保护月球上的登陆点

在 20 世纪末和 21 世纪初，有一批商业化的新型小机器人被派去探测月球。其中有一些小机器人开始在月球上着陆和漫游，而且还有一些进入了最初阿波罗飞船的着陆点。那时的公众和政府都坚定地认为即使是原本怀有善意的探险者也可能是破坏人类文化遗址和文物的人。

尽管国际条约规定（例如著名的 1967 年的《外太空条约》）送上月球的人造物品（登陆器、漫游车和旗帜）仍然属于原国家的财产。而其他

条约也规定不允许任何人或国家拥有月球或其他天体的部分所有权。那么，这些文物怎么才能受到法律保护？又由谁来保护呢？

经过重要的多边努力和谈判之后，在 21 世纪中叶，联合国同意将阿波罗号和月神号的着陆点置于保护类似南极洲（不属于任何特定国家）的同类国际议定书的保护之下。另外，联合国教科文组织宣布将这些着陆地点纳入国际认可的行星际科学遗址里。

就被侵蚀掉了，哈德利月溪现在是一条敞开的熔岩道。不过你可以探索月球上其他地方的完整熔岩管道洞穴。通过这些洞穴你可以深入地下，进入月球地质奇境。最著名的熔岩管道网络位于阿里斯塔克斯高原（Aristarchus Plateau）。

这个高原是一片明亮并且海拔较高的区域，它由古老的月球火山活动形成，与附近风暴海洋和阿里斯塔克斯环形山的黑暗形成对比。有几个大型被侵蚀的熔岩管（最大的在地球上用望远镜就可以看到）蜿蜒曲折地经过这个区域，早期的月球表面地质考察很快就发现了一个巨大的地下熔岩管网络，这些管道将熔岩带入周边的平原。当这里的火山喷发停止时（在数十亿年前），熔岩流出并冷却，留下了这些值得我们去探索的、壮丽的熔岩管道。现在有几家知名的旅游公司组织进入这些熔岩管网络的探险队，在那里你可以看到并了解月球上复杂而又神奇的地质历史。

阿波罗 15 号宇航员戴维·斯科特（Dave Scott）于 1971 年将月球车停放在哈德利月溪的边缘。由于时间限制，宇航员无法探索下面的峡谷。

购物和娱乐

几年前，一个探险旅游公司联盟获准进入开发最大的熔岩管的数英里地段，并密封熔岩管的其余部分，这样就创造了一个温暖、透气的环境，现在被称为管道乐园（Tube Land）。他们在入口附近创建了一个低重力的主题公园和一个商场式的购物和餐饮区。有儿童或青少年的家庭会在这里找到很多有趣的活动。在深入的管道内部，这个公司联盟创建了专门的野营和徒步旅行区域，甚至还建设了一个低重力下的特殊冒险自行车道。

月球的远端 （背面）📷

你是否厌倦地球了呢？你是否永远不想看到地球了呢？月球的远端（背面）就是摆脱地球的绝佳

这里所见的蜿蜒通道，被称为施罗特里月谷（Schröter's Valley），是一个散开的熔岩管道，宽约 5 至 10 千米。

探索月球的历史

1839 年：月球的第一张照片（银版相片）

1959 年（9 月）：第一个到达月球的人类物体（苏联月神 2 号撞击任务）

1959 年（10 月）：首张月球远端照片（苏联月神 3 号飞越任务）

1966 年：首次在月球上软着陆（苏联月神 9 号机器人着陆器）

1969 年：人类首次登月（美国阿波罗 11 号任务）

1970 年：机器人首次携带样本往返月球的任务（苏联月神 16 号任务）

1972 年：最后一次（六次）阿波罗人类登月任务（美国阿波罗 17 号任务）

2009 年：首次确认月球南极冰层（美国月球陨坑观测和遥感卫星 LCROSS 任务）

2030 年：第一个月球侦察兵登陆月球（美国、俄罗斯和中国联合项目）

2033 年：联合国教科文组织宣布将早期人类和机器人登陆月球的着陆点定为行星际科学遗址

2035 年：首位私人"游客"绕月参观月球

2050 年：建立了首个月球轨道科学/研究站［美国、日本及其他国家联合项目；塞勒涅站（Selene station）］

2071 年：在沙克尔顿环形山（Shackleton crater，南极附近）建立了第一个月球殖民地

2080 年：在沙克尔顿基地附近开设第一座商业冰矿

2095 年：首次常规航班开始将游客运送至月球

2176 年：参观月球的游客人数超过 10 000 人/年

2218 年：宣布计划在齐奥尔科夫斯基环形山（Tsiolkovsky crater）建立首个主要月球背面基地

月球上的白天和黑夜

天文学家把月球绕地球运行称为同步旋转。也就是说，月球每绕地球运行一圈（需要 27.3 个地球日），也恰好自转一周。然而，我们从地球上来看，月球似乎并不自转，因为这种同步旋转会使得月球的同一个半球（或"面"）总是朝向地球。这就是为什么我们通常看到的满月是天文学家称之为近侧（正面），即这一侧是朝向我们；而另一侧是远端（背面）。

在月球上看地球时，你会注意到地球比你以前在地球上所看到的满月要大四倍。如果你的位置在月球的赤道附近，地球就会在高空；如果你靠近月球的极地，地球就会很低并接近地平线。但是，与从地球看到的月球不同，从月球看到的地球并不会在天空中移动。另一方面，由于月球同步旋转的缘故，你所看到地球侧也是固定不变的。

虽然从月球上看地球一动不动，但地球确实发生了变化：它经历了各个"相变"，就像我们从地球会看到不同的月相一样。当在地球上看

到满月时（太阳，地球和月球按照这个顺序排列在一条线上），在月球上的我们会看到"新地球"（无光暗淡的地球）。反之亦然：当在地球上看到的新月时，在月球上的我们会看到"满地球"。而在这两者之间，新地球会变成了一个"月牙"形的地球，之后是"上弦月相"地球，之后是一个"满地球"，之后是"下弦月相"地球，然后是"残月相"地球，最后再是一个"新地球"，如此每个月周而复始。

月亮也同样会变化。因为月球也会自转，所以跟地球一样，月球上的每一个地方都会经历白天和黑夜，只是月球上的"白天"和"黑夜"均持续约 13.5 地球日。大多数旅游活动（就像阿波罗早期的任务）都是在月球上的白天，这时阳光普照、温度较高。当太阳落山时，大部分旅游活动会转到地下。有趣的是，甚至还有一种被称为"太阳鸟（sunbirds）"的月球居民，他们一直追随着太阳，每隔两周他们就会在月球正面和背面的住所之间来回跑。

下图：从月球上所看到的地球。

地点。在那里，你将与地球隔绝，你不会在黑夜里看到天空中的地球（将持续 13.5 个地球日，请参阅第 11 页的插框），这将是让你保持平静、免受打扰、超越自我的绝佳机会。

月球远端的住宿选择远少于月球近侧，它们主要是一些私人住宅、分散的露营地和几个度假区。许多月球远端旅游景点提供艺术主题的活动，你可以逃离喧嚣，集中注意力于绘画、音乐、舞蹈、天文摄影或月球的地质勘探，甚至烹饪课程。例如，在星际科学基金会（the Interplanetary Scientific Foundation）的齐奥尔科夫斯基研究中心（位于齐奥尔科夫斯基环形山，那里距离月球远端很近，是即将建立的主要月球基地之一），你可以报名参加射电天文研究之旅和夜间天文摄影课，那里将有你从未见过的最黑暗、最晴朗的天空。

要到达最终旅游目的地，你需要有耐心（每周都会有定期补给的目的地货船，预定那里的一个位置可能是你往返的唯一途径）。尽管如此，月球背面与正面的情境大不相同，如果你想走前人没有走过的路，那么充满未知的月球背面将是你的首选。

到达那里

只要你提前预订，登上月球就不成问题。根据旅行预算和时间你可以选择经济舱或头等舱，不同的选择差异会很大。较慢的方式是使用传统的化学动力推进技术到达月球，这种技术与 20 世纪将第一批宇航员带上月球的土星五号火箭所使用的技术类似。就像阿波罗号的宇航员一样，用传统的火箭技术需要 3 天左右时间才能登月；当月球旅游结束后，还需再用 3 天时间返回地球。你也可以使用核动力推进发动机或混合核化学火箭技术之类的新技

术，这可以大大缩短旅途时间。虽然它们的票价远高于慢速火箭，但最快的火箭可以在 6 个小时内到达月球。

在月球上的交通会是一个挑战。大多数旅游公司都会为最受欢迎的旅游景点提供包车服务——一般是专为月球重力和环境而建造的小型班车。例如，新兴的月神输运公司（Luna Transit Corporation）的 S-2200 班车是由轻质材料建造而成的，它只需承受月球重力，而不是地球的强引力。这些重量较轻的班车比地球上的车使用更少的燃料驱动，同时提供舒适的环境和满足严格的、适用于月球运输车辆的温度、气压和辐射安全标准。地方政府正计划使用公共月球交通网络，但这还需很多年才能实现。

月球旅游攻略

月球上有非常多的旅游景点和旅馆，针对家庭、情侣和单人等不同类型的旅客，其舒适度和价格幅度会变化很大。月球上的酒店和度假村不胜枚举，你甚至可以认为所有地球上的酒店品牌都能在月球基地和定居点内找到。例如，不了黄昏度假村（Endless Sunset Resort）是沙克尔顿环形山边缘的永久阳光照射的地方，那里建筑面积很大，每间客房都能看到壮美的环形山的全景。如果你要节省开支，月球露营公司（Camp Moon Inc.）刚刚在雨海（Mare Imbrium）的哈德利月溪小道路口附近建了一套新的圆顶小屋。你可曾想到，在 1971 年的夏天，宇航员戴夫·斯科特（Dave Scott）和吉姆·欧文（Jim Irwin）都没能实现的这些熔岩管道的徒步旅行，如今就在你的脚下！

如果你非常喜欢美食，在月球上也能找到与地球上一样的餐厅和美食。这些美食正在月球上等你

月球土壤 ●

　　就像地球的土地一样，月球的大部分表面都覆盖着一层细岩石碎片，行星科学家们称之为月球土壤。月球土壤是由月球上岩石的物理和化学风化产生，这类似地球上的土壤；然而，撞击形成的陨石坑对月球上的土壤形成起着非常重要的作用。地球的土壤受到生命的影响，例如微生物和植物促进土壤形成，它们将土壤分解成更细小的碎片并将营养物质注入土壤；而月球一直都没有生命，所以月球土壤中没有生物组分。也就是说，月球上的许多母岩类似于许多地球土壤的母岩。具体而言，地球和月球（以及水星、金星、火星和一些较大的小行星）在它们的表面上都具有相似的玄武岩类的（高铁镁和低硅）火山岩。这些火山岩可以分解形成土壤。因此，当生物组分——来自植物的营养物质、微生物和其他有机物质——被添加到无生命的月球土壤中时，我们就会得到与地球上许多土壤相似的混合物。虽然行星植物学家花了几十年的时间来完善月球土壤配方，以求在月球土壤中也可以种植出各种优质的水果和蔬菜。但是，由于微量矿物质的差异，挑剔的美食家即刻就能品味出在月球上和地球上生长的农作物味道不同。

享用。但是你要有心理准备，由于重力、温度、压力、土壤成分和其他因素的差异，它们可能会有一些口味上的变化。与地球上的美食相比，月球上的美食也同样十分独特和诱人。

　　运动型的旅客可以在月球上找到许多运动机会。徒步旅行、野营、地下洞穴自行车、喷气式徒步旅行和溜冰，甚至参观低重力运动场，这些都是令人激动兴奋的月球旅游活动。你可以加入谢泼德高尔夫俱乐部（Shepard Golf Club），它以阿波罗 14 号的指挥官艾伦·谢泼德（Alan Shepard）命名，因为 1971 年他在月球上打出了第一个高尔夫球。另外，你还可以去月球背面露营地，享受最壮观的银河星空。无论只是周末旅行还是一辈子定居，月球上都有你看不尽的美景风光。

当地风情

　　一些当地的"Loonies"（自称为月球人）家庭可以追溯到约 150 年前的 21 世纪中期，他们是第一批来到月球的殖民者。你可能会注意到，这些月球人大多都又高又瘦，他们似乎在月球的低重力环境下以独特的优雅方式行走。许多人都是真正的月球人，他们出生在月球上，是新的人类基因库的一部分，他们正在慢慢适应月球的环境，甚至进化到能适应特定的月球环境（特别是低重力环境）。早期的进化生物学家就已经认识到，一旦人类成为多星球物种，人体就会进行适应和进化，但当时还不能准确预测进化的方向。现在，人类进化的实验正在月球（以及在火星和其他星球）上进行，向当地人学习了解他们的生活和他们的身体、比较现在的他们与祖先有哪些不同，这是非常有趣的。我们要抓住了解这个独特的太空文明的机会。

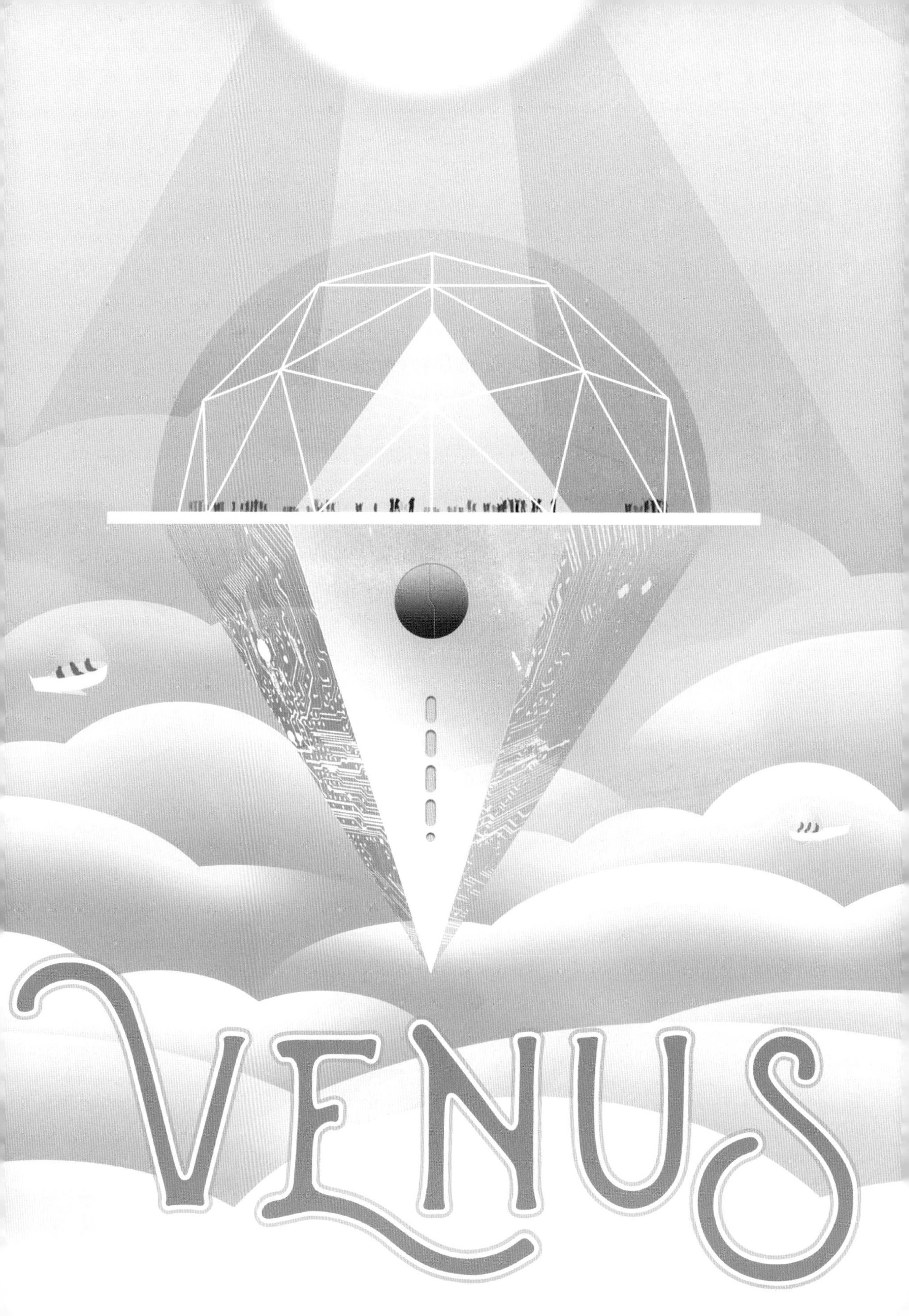
VENUS

2

在金星上升温

早在太空时代到来之前，我们就知道地球的姐妹星是金星。金星和地球的关系相当于兄弟，而不是长得一模一样的双胞胎。地球和离它最近的邻居金星之间毫无疑问是有很多相似之处的：相似的尺寸和重力，相似的岩石和金属成分，还有在内太阳系中大致相同的位置——金星到太阳的距离比地球到太阳的距离仅少了 25% 左右。但相似之处也就只有这么多了。

虽然金星和地球都有大气，但它们是完全不同的。金星的空气中充满了大量的二氧化碳，其地面压力是地球表面压力的九十多倍，相当于在水下 900 米的潜艇所感受到的压力。厚厚的大气层的外层风速高达350 千米 / 小时。

对页：漂浮的空中酒店看起来很祥和，金星大气层的上层几乎和地球的大气层一样。今天就预订在金星上的酒店吧！

二氧化碳使地球变暖愈演愈烈。但当你的飞行器下降到金星表面时，温度会升高到超过 460℃，这比烤箱还热得多，足以融化铅！金星另一个特点是它的旋转方向：它的自转很缓慢，几乎静止，地球经历 243 个昼夜的时间，在金星上只有一个昼夜。还有一点，它的自转方向相对于大多数的行星来说是相反的。金星的确与众不同！

不要让金星的这些奇异特性和极端环境成为你前往金星参观的阻碍，它是太阳系里除太阳以外最热的行星。无论你是选择待在有类似地球温度的由气球托载的空中酒店中慵懒地悬浮在高层大气上，或是选择去硫酸云层里跳伞冒险，还是

穿上防热服勇敢面对其表面的恶劣环境和金星火山活动，金星之旅都将会带给你一种不同于太阳系其他地方的体验。

去前准备

直到 22 世纪后期，在金星上安全游览所需的技术才会得到广泛应用。旅游公司仍在对住宿和旅游观光的新设计做试验。如果你想在金星上探险，你需要做好准备迎接以下挑战。

极端高温 🌡️

在金星上的首要关注点就是工程师们所谓的热控制。对于金星旅游项目的设计师来说，他们的主

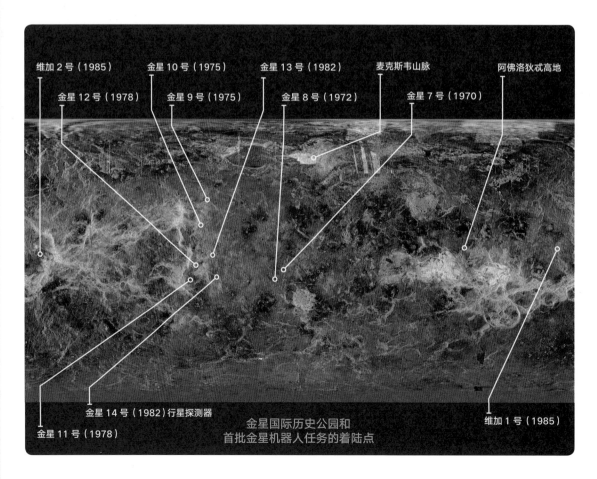

维加 2 号（1985）　金星 10 号（1975）　金星 13 号（1982）　麦克斯韦山脉　阿佛洛狄忒高地

金星 12 号（1978）　金星 9 号（1975）　金星 8 号（1972）　金星 7 号（1970）

金星 14 号（1982）行星探测器

金星 11 号（1978）

维加 1 号（1985）

金星国际历史公园和
首批金星机器人任务的着陆点

要任务就是将温度极高的金星变得凉爽，使之能够符合人们的居住、穿衣等习惯。如果你想登上金星的表面，那么你必须学会如何穿上并操作一件防热服——就是那种穿在像阿波罗风格的太空服和由钛制成的具有高度反光效果的金属盔甲外套之间的衣服。如果不想去外面，你可以乘坐坚固的热舱（一种动力有轨电车，一般在相对舒适的情况下可以承载 20 人），在颠簸的路面上行驶。热舱有巨大的防热保护窗，所以你不需要穿宇航保护服到外面去，坐在热舱内就能看到景点。然而，对抗炎热最好的方法就是直接待在空中酒店里，这个空中酒店是漂浮在大气中高约 50 千米的巨型气球。在空中酒店，温度和压强与地球上的相似，你只需带上氧气面罩就可以在户外漫步。请不要担心，当你所居住的空中酒店经历狂风时，你仍然可以看到脚下快速移动的地面。

高压 ❓

金星的表面大气压是毁灭性的。在这里要重申的是，防热服和热舱是非常关键的。因为它们建造得就像不可摧毁的超强潜水艇一样，这样的潜水艇可以把游客带到地球最深的海洋底部，那里的压力比在金星上的压力还要大。

金星基本概况

星体类型	从地球出发的旅行时间
类地（岩石）行星	7~100 天
✳	✳
离太阳距离	直径
平均 0.72 AU，1.08 亿千米	12 103 千米，仅比地球小 5%
✳	✳
离地球距离	精彩之处
0.39 亿~2.61 亿千米范围内	表面极端火热、狂风肆掠、硫酸云肆掠！

平均温度

	°F	°C
表面平均	860	460

温室效应

太阳中的可见光可以穿过大气中的一些气体（如水蒸气和二氧化碳），到达行星的表面；然而，这些气体会吸收试图从行星表面发射回到太空中的大量的红外（热）能量。这类气体被称为温室气体，这类似于温室窗户，允许阳光进入，阻止热量回流。二氧化碳是一种非常有效的温室气体，由于金星的大气中二氧化碳气体的含量非常高，因此它可以非常有效地吸收热量，并使表面温度迅速升到一个极高的状态。

虽然大规模的温室效应可能会对行星的气候造成严重破坏，但是小范围的温室效应也许是一件好事。事实上，科学家们已经意识到，地球之所以是一个可居住的海洋世界，只是因为它受到含量较小但极为重要的大气温室气体二氧化碳和水蒸气的影响。如果没有大气中温室气体的升温，使地球平均温度保持在约 17℃，地球上的海水就会冻结成固体，那么就算地球上确实有生物在演化，其结果也会跟我们现在的大不相同。

20 世纪初，科学家们认识到，过去在地质年代二氧化碳的减少可以解释冰河时代，化石燃料的持续燃烧可能会增加二氧化碳的丰度并导致全球变暖。从很多方面来说，金星帮助我们理解了什么是温室效应以及温室效应是如何发生的，温室效应又是如何影响了地球上的气候。

酸雨

当你乘坐从地球来的航运飞船降落到金星大气中时，你不得不经过几层有毒的硫酸云雾，甚至在下降到空中酒店的高度之前就会碰到有毒的雨。当然，你的航运飞船一定会有处理腐蚀性酸雨的设备（如果通风系统不能百分之百地运转，那么你很可能会闻到臭鸡蛋的味道）。一旦到达空中酒店，入住期间可能会有几次必须封死你的门窗，并在酸雨袭击期间留在房间里面。尤其是当硫酸云中的大风暴或湍流带来的酸性区域靠近空中酒店漂浮的高度时，你必须这么做。通常情况下，酒店经营者会降低酒店飞行的高度以保证每个人的安全，酒店的结构和气球的构造也是为了避免暴露于酸性云雾之中。如果在酸雨风暴中陷入困境，几乎可以肯定是致命的。

MAXWELL MONTES
VENUS

麦克斯韦山脉（Maxuell Montes）。一位富于幻想的艺术家绘制的麦克斯韦山脉的高峰。

通过地形和雷达数据描绘的麦克斯韦山脉的透视图。

不要错过……

金星是一个集极高温、极高压、极强风和极强酸雨于一体的天体，在那里没有一滴水。但是，就像地球上有许多沙漠一样，金星的表面有鲜明的自然美景，这也吸引了愿意勇敢面对金星极端环境的游客。虽然，金星旅行还处于不太成熟阶段，但有一些令人不可思议的景点和体验已经被列入探访地球姊妹星——金星时的必看景点。

麦克斯韦山脉的雪 🏔️ 📷

金星的大部分表面都是由深色的、起伏的熔岩平原组成的，这些熔岩在大约 5 亿年前金星全球范围的火山爆发活动时产生，行星科学家仍在试图解释这一切。高出这些平原的，是一些非常雄伟的山脉，哪怕是地球上的最高峰与之相比都会显得很矮小。其中最高的是麦克斯韦山脉 [它是以 19 世纪英国物理学家、经典电动力学的创始人詹姆斯·克拉克·麦克斯韦（James Clerk Maxwell）的名字命名的]。麦克斯韦山脉位于伊师塔高地（Ishtar Terra），比金星地面高出 10 973 米，而地球上的最高峰才不到 9 000 米，和麦克斯韦山脉比起来实在是太矮小了。维纳斯女神旅游公司（Cytherean Tours Inc.）

提供了拥有壮丽景色的全天候热舱之旅，游客会沿着山脉较低的斜坡和侧面进行空中之旅，最终在峰顶附近着陆。在那里，你将成为太阳系中少数能亲眼看到金星上的雪景的人。等一下，在炎热的金星上看雪？是的，有一些。在麦克斯韦山脉的超高海拔处，其气温和气压略低于金星表面，所以在金星表面一些会蒸发的矿物质，它们在山顶附近处于稳定状态。在这些"雪"矿物质中，黄铁矿是一种被俗称为"愚人金"的铁硫化物矿物，它在太阳光的照射下闪闪发亮，就像在地球最高峰上的积雪一样。这是一个神奇的景象，如果你足够幸运（或者如果你已经预付费的话），负责人可能会同意你出门，穿着防热服在松脆的黄铁矿里散步。

金星国际历史公园 📖

1961 年到 1984 年，苏联向金星发射了 28 次令人震惊的机器人探索任务，包括成功运行了多个飞越探测器、轨道器，并有 9 个机器人着陆器成功在金星表面着陆，其中有 2 个在下降的过程中部署了科学气球实验。这是金星探索的第一个黄金时代，就像在月球上一样，这些首批访问金星的历史着陆点遗迹分散在金星表面上，此后它们成为联合国教科文组织的行星间科学遗址。

由金星 13 号行星探测器着陆器所拍摄获得的金星表面视图。

金星的海洋在哪里？

虽然金星大小与地球大小相同，只是距离太阳稍近一些，但它是一个极干燥的星球——在比烤箱都热的硫酸云大气中，没有液态水和冰，甚至无法检测到水蒸气。在地球上，从火山释放的二氧化碳和其他气体不能在大气中快速累积，因为它们能溶解在地球的海洋中，并固定在碳酸盐岩石中。如果金星有海洋，那么它也会像地球一样。但是如果没有海洋，二氧化碳和其他气体会随着时间的推移不断累积，形成一个越来越热的星球，把原来存在于这个星球的水分全部都蒸发掉。事实上，许多科学家认为，金星可能在其早期有一个海洋，它最初的情况与我们的地球情况相似。如果真是这样的，显然发生了一些可怕的灾难，也许海洋在这个灾难性事件中消失了（也许是由于巨大的小行星撞击的原因），一些科学家也认为这是导致金星反向缓慢自旋的原因。另外，也有可能因为金星没有像地球那样的磁场保护，水慢慢地逃逸到太空中了。金星的海洋到底在哪里呢？这仍是一个谜。

左图：正在组装的金星 7 号宇宙飞船。
右图：蛋状的金星 7 号行星探测器着陆模块。

有些着陆点已经成为短暂访问金星时的热门景点，这没什么可惊讶的。例如，蛋状的金星 7 号行星探测器着陆器是第一个在另一个星球上着陆的人造物体（1970 年），在极端的高温和高压的表面传回科学数据，仅"存活"了 23 分钟。尽管如此，它仍然在那里，在荒芜和艰苦的环境里担任孤独的技术岗哨，你可以进行一次热舱之旅，并且可以近距离地看到它。另一个受欢迎的目的地是金星 13 号行星探测器着陆器的着陆点，1982 年，它从金星表面发回了第一张彩色照片，并向我们展示了一个崎岖的橙褐色地貌，这让人联想起火星某处的阴天。好几个旅行社提供在这里和其他金星探测器着陆点的旅行，并且还包括详细的历史和科学考察报告。

热翼之旅 🏃

"太阳系极限冒险"比赛是由麦克斯韦山脉附近的几家空中酒店提供的新型冒险式空中旅行项目。在支付高额费用并签署有效保险后，你就可以穿戴一套热翼装备，从空中酒店的甲板上跳下，像鸟儿一样在金星大气中飞翔。热翼服是防热服和翼状襟翼服的组合，当襟翼展开时，它可以像鸟的翅膀一样提供升力。回想起在 21 世纪初，当时流行穿上老式滑翔衣在多风的山谷飞行。在金星上，由于空中酒店下方的浓厚大气和强风能够提供飞行的升力，热翼服使得真正的人力飞行成为可能。但是，这是一项非常危险的活动，因为金星大气中的强湍流，以及可能突然出现的酸雨，会大大降低能见度和飞行效率。虽然观看金星当地人的娴熟飞行是很有趣的事，但你最好还是选择适合自己的方式来休闲娱乐。

金星探测历史

1032年：波斯天文学家阿布·阿里·伊本·西那（Abu Ali ibn Sina）注意到一个黑点正在太阳上移动（金星凌日），这可能是人类观察到的第一个金星的运动

1610年：伽利略第一次通过望远镜观测金星

1639年：杰雷米亚·霍罗克斯（Jeremiah Horrocks）观测并首次准确预测金星凌日

1761年：俄国天文学家米哈伊尔·罗蒙诺索夫（Mikhail Lomonosov）在观测太阳的过程中发现金星拥有大气层

1927年：金星的第一张照片显示明亮和黑暗的大气标记

1932年：首次用光谱分析证明金星大气中有二氧化碳

1956年：射电波段首次观测金星，表明金星表面的温度非常高

1962年：NASA 的水手 2 号机器人航天器首次飞越金星

1964年：阿雷西博天文台（Arecibo observatory）雷达观测发现金星超慢速自旋

1967年：苏联的金星 4 号机器人航天器成为第一个成功探测金星大气层的飞行器

1970年：第一颗金星着陆器，即金星 7 号机器人航天器，证实了金星地表超高的大气压力和温度

1972—1985年：八个苏联金星号和维加号机器人着陆器成功探测金星

1975年：金星 9 号行星探测器成为第一个环绕金星运行的机器人航天器

1985年：维加 1 号机器人任务在另一个星球上进行首次气球飞行实验

1990年：麦哲伦号金星探测器拍摄第一张金星全方位雷达图

2030年：金星机器人采样任务第一次返回，确定金星大气成分的详细信息

2056年：人类首次环绕金星飞行，远程获取金星地表和大气数据

2141年：第一批宇航员登陆金星

2175年：在金星的平流层建立了第一个空基科研前哨站——阿佛洛狄忒站

2190年：第一次旅游航班和第一个维纳斯女神（Cytherea）空中旅馆建立

2218年：预计极少数游客可以穿上防热服在金星表面行走

到达那里

有几家航天公司向旅客提供到达金星的交通，虽然这些航班不如月球航班那样繁忙，但这些航线的航程远远超过去月球的航程。如果你乘坐传统推进技术的航天飞机，单程去金星的旅行时间通常为 3 个月左右。但如果你愿意支付更高的价格，乘坐最新技术的航天飞机，你可在一周左右到达金星。新航天飞机能快速到达金星的部分原因是它们利用了金星大气层的摩擦来减速，这种减速方法被称为大气制动（aerobraking），自 20 世纪 70 年代以来一直用于机器人太空任务。虽然这对乘客来说是就像在乘坐一个疯狂的、强烈颠簸的过山车，但如果你肠胃不适，你可以让工作人员提前做一些预防措施，并保持镇定。

你一旦到达金星，每个空中酒店都会有热舱和

当前金星空中酒店的选择

空中酒店	位置	目标旅客	环境气氛
维纳斯女神 1 号	沿赤道漂移	首次旅行者	最早的空中连锁酒店，22 世纪末期的经典设计，太阳系中极好的旅游景点
维纳斯女神 2 号			
费尔温兹酒店	为避免风暴，高度不断在变化	冒险爱好者	酒吧和歌厅种类繁多，提供热翼飞行课程，野营和徒步旅行基地
阿佛洛狄忒酒店	环绕阿佛洛狄忒高地	情侣	壮美崎岖山脉景色，最佳水疗和瑜伽地
麦克斯韦酒店	固定在麦克斯韦山脉	家庭	儿童游戏和餐饮选择的最佳选择，提供金星野营期间的儿童看护

一架高空飞船正运送旅客去金星的空中酒店。

在热舱旅游中拍摄到的一些金星上活跃的火山。

有轨电车，如果你想在住宿期间更换酒店，它们可以将你运送到目的地。

金星旅游攻略

目前在金星周围的空中酒店是金星旅游的核心景点，它们能为你提供住宿、餐饮和室内活动，以及在金星地面进行短途旅行。有些游客永远不想离开舒适的空中酒店，他们宁愿远远地感受金星的极端自然环境，随空中酒店漂浮在金星上空的微风中。而另一部分勇敢的游客则想要的到达金星表面，他们可以穿上防热服在外面待几个小时，或花更多的时间去金星坚硬的地表野营。你偶尔会听到一些冒险家在炫耀"我曾到金星野营过"。

很多时候，餐饮选择仅限于进口食品。但每家空中酒店都会在它们的园子中种植一小部分食材。

如果你想小小炫一下富的话，所有餐厅都有四星级和五星级餐饮供你选择。另一方面，你也可以在每家空中酒店找到标准的快餐食品，金星上最好的酒吧和餐馆是在著名的费尔温兹（FairWinds）空中酒店。

当地风情

金星的极端环境吸引了许多求职者到太空旅行公司工作。如果热翼飞行课程没有把你难倒，那么你可以考虑参加通常只有金星居民才参加的极限运动。例如，有传言说，在马特·蒙斯（Maat Mons）火山熔岩流附近，一些当地的青少年们会同时相向跳越过熔岩流。无论这是否属实，在揭开任何金星秘密之前，你都需要花时间去了解金星当地人，让他们了解并信任你，这才能使你的金星之旅终生难忘。

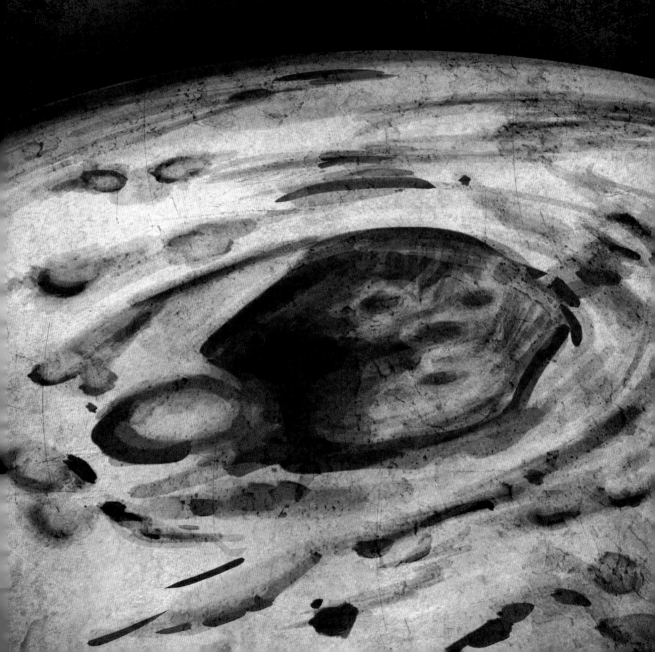

VISIT
Mercury
AND THE CALORIS BASIN

3

在水星上翱翔

　　你很快就会知道为什么水星以希腊神话中"行走如飞"的信使之神（墨丘利）来命名了，在靠近太阳系最内层的行星——水星时，飞船的速度会增加。水星和太阳之间的距离只有日地距离的三分之一，水星处在天文学家们定义的太阳重力井的深处。太阳的引力加快了水星的轨道速度，它公转周期只有 88 天。在水星的天空上看到的太阳大小是地球上所看到的 2.5 倍！当然，你还需要准备更多的防晒霜，由于距离太阳很近，水星上白天的温度要比地球上高很多。对于水星工程师和导游来说，温控是最主要的任务。

对页：参观水星和卡洛里撞击盆地。1 550 千米宽的卡洛里撞击盆地占据了几乎整个水星半球。（来自 Lynx 艺术集）

水星上的环太阳高速竞技比赛吸引了众多参赛者。一旦降落在水星上，你环绕太阳的速度是地球上的 4 倍，每年这里都会有各项新的纪录产生。水星上的旅游公司总能吸引来自太阳系不同地方的参赛者们，他们当中有一些人是为了参加竞技比赛，有一些人是想不断地更新各种技术，而还有一些人则是想在高速竞技比赛中挑战自我并实现梦想。

去前准备

乍一看，水星很像月球，因为它也是一个相对较小的灰色星球，没有大气，但有许多撞击坑。但从另一些方面来看，它与月球又极为不同，水星的引力要比月球的引力大，气候更恶劣，旅游业发展相对也不太成熟。由于水星在旅游方面还没有真正

兴旺起来，所以你的旅游选择非常有限。在你探索水星之前，你需要做好准备迎接以下挑战。

极端温度 🌡️

由于水星与太阳距离很近，所以水星的白天高温可能超过 425℃。而且，由于没有大气或海洋来帮助保持温度稳定，水星的夜间温度会急剧下降到 −200℃。在太阳系中，水星上的昼夜温差变化是最大的，由于金属和其他材料会热胀冷缩，所以在水星上对航天器、航天服以及其他各种设施的要求就更高。幸运的是，这些热胀冷缩问题在建设月球殖民地时已经得到解决。虽然月球上的昼夜温度变化约为水星的一半，但通过仔细研究月球上的温控基本物理学和工程设计，工程师们最终能使这些设计适用于水星的极端环境。所以，最终我们看到

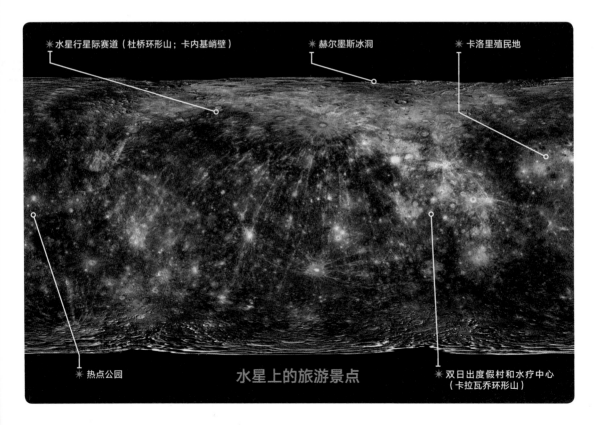

☀ 水星行星际赛道（杜桥环形山；卡内基峭壁）　　☀ 赫尔墨斯冰洞　　☀ 卡洛里殖民地

☀ 热点公园　　**水星上的旅游景点**　　☀ 双日出度假村和水疗中心（卡拉瓦乔环形山）

水星基本概况

星体类型	从地球出发的旅行时间
岩石 / 金属行星，质量只有地球的质量 5.5%	约 10~120 天

*

离太阳的距离	直径
平均距离约为 0.39 AU，即 5800 万千米	4 880 千米，约是地球直径的 38%

*

离地球的距离	精彩之处
平均距离为 0.77 亿 ~2.22 亿千米	超热或超冷，运动速度超快！

平均温度

表面平均温度		白天最高温度		夜晚最低温度	
℉	℃	℉	℃	℉	℃
152	67	800	425	-328	-200

的是，在水星上的飞船和栖息地需要更厚的绝热层，而且太空服会有点笨重，但是只要你学会如何使用它们（并且充分理解它们的功能），你就不会有任何问题。

意想不到的重力 ⬆⬇

如果你在月球上待了很久，那么你可能需要多一点的时间才能适应水星上更强的重力，这里的重力是月球重力的 2.3 倍。如果你在水星的表面行走，你将需要调整你的行走方式。幸运的是，它将更接近你在地球上的走路方式——虽然水星的重力仍然比地球低近 40%。

极崎岖的地形 ▨

像月球上的高山一样，水星的表面也有很多崎岖不平的环形山，散落着巨石和其他潜在危险。然而，水星的表面更加险峻，它没有月球上那样的大而光滑的古老熔岩平原。你必须小心行走，因为一不小心你的太空服就会被撕裂！

奇怪的白天和黑夜 ⊘

水星独特的自转和公转将严重违背你在地球上的昼夜规律。因为在水星上，太阳从日出到日落需要大约 88 个地球日，而且太阳在水星天空的轨迹有时会改变几次方向。为了避免水星昼夜周期的干扰，水星上的一些旅馆会遮蔽太阳光，并保持地球上的 24 小时白昼循环的周期。但是，一旦你走到室外，你就会感受到水星昼夜的紊乱，你也许会感到困惑或兴奋，或两者兼而有之。

这里所展示的是水星与地球（左）和月球（右）的精确尺寸比例，水星是太阳系中最小的类地行星。它最接近太阳，也是太阳系中轨道速度最快的行星。

不要错过……

虽然水星还没有像月球或火星上那样健全的旅游基础设施，但水星有其独特的景点和旅游项目，这将会使你对这个太阳系里第一颗行星的旅游流连忘返。这些景点包括：

水星行星际赛道 🏂

说到运动，"极速飙车"是水星人的首选，它吸引了各类太空飞船来争夺最高速度的炫耀权。最有趣的是你能在水星行星际高速星际赛道观看比赛（可以看到参赛选手的状态以及他们的各种装备）。这个令人惊叹的赛道是沿着数英里高的卡内基峭壁（Carnegie Rupes）建造的，它穿过了杜桥环形山（Duccio Crater）。选手在比赛时，在杜桥环形山内的几个较小的撞击坑中急转盘旋，尽可能地靠近悬崖峭壁，来测试飞行器的敏捷性。对于参赛选手们和观众来说，这都是一场高速惊险之旅。如果你追求的是速度和敏捷度，那水星就是你的最佳选择。在这里，你会看到最先进的各种竞赛装备。

卡洛里殖民地 🍴👫👪🌐

你将抵达迄今为止在水星上建造的唯一主基地：位于巨大的卡洛里撞击盆地（Caloris impact basin）内的卡洛里殖民地。卡洛里撞击盆地是太阳系中最大的撞击坑之一，其直径约 1 550 千米。基地靠近盆地中心，除了太空港外，那里还有水星最大的酒店和餐馆。但是，住宿比较简单，餐饮的选择也主要是快餐类。很明显，大多数的水星游客会把大部分的时间放在基地之外的竞赛活动上，所以这个基地本身仅仅用于短暂休息。尽管如此，不出卡洛里殖民地，你也可以在观光游览附近的平原时找到可口的菜肴，另外，你还可以在水星的体育酒吧里通过大屏幕实时观看不同赛季的极速竞赛。

为什么一个水星日是两个火星年？

与太阳系中的其他行星不同，水星在绕太阳公转两圈的同时，它本身自转三圈。早期的天文学家曾认为，也许水星会绕着太阳公转一圈，本身也自转一圈，就像月球绕地球旋转一样。这种由潮汐力锁定的运行轨道是很小的星球围绕更大的星球运动的典型。但是这种1：1运动轨道（绕太阳一圈，自旋一圈）只适用于行星或卫星，这些行星或卫星基本上是围绕着它们的主星圆形轨道运动。水星这种奇怪的3：2运动轨道模式是

因为水星公转轨道是个偏心率很大的椭圆形。

事实上，在太阳系行星中，水星的公转轨道是最呈椭圆形或卵形的轨道，在整个公转过程中，水星与太阳的距离会有近40％的变化。因为水星在其轨道上运动得很快，所以离太阳距离最近的时候，它不能像月球那样保持简单的1：1的自旋状态。而且由于太阳在水星天空中的轨迹是水星自转和公转运动的结合，所以水星从日出到下一次日出需要围绕太阳公转两圈。这确实很神奇！

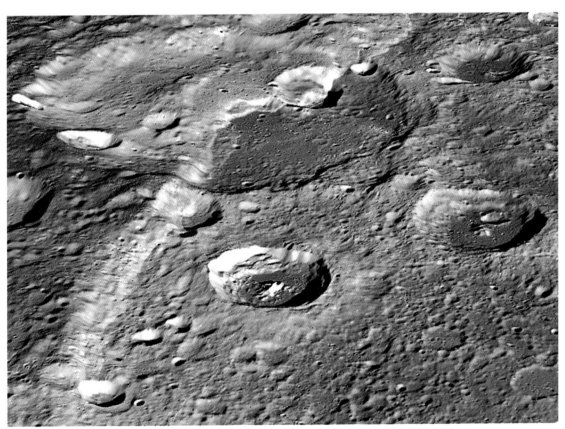

这个有2千米高的巨大悬崖叫作卡内基峭壁，从这里能看到穿过105千米宽的杜桥环形山的道路，这是水星上最著名的高速赛道之一。

难以置信的收缩行星

水星上有数百个像卡内基峭壁一样的巨大悬崖纵横交错——这是为什么呢？这些巨大的悬崖是被称为逆断层的地质构造，它一般出现在逐渐冷却的岩石行星上。随着岩石的冷却，它们会稍微收缩，造成巨大的收缩力，从而引起地壳的折叠和撕裂。行星科学家们认为，水星自形成以来直径缩小了约 32 千米，由此产生的逆断层形成了长达 1 000 千米和高约 3 千米的悬崖网络。月球上也有类似的逆断层，它们随着冷却会慢慢地收缩。而地球的板块构造和部分熔融的内部结构，导致无法形成超大范围的巨大悬崖。

这看起来就像是月亮，但水星上的温度要比月亮上的高多了，还有，在水星上你的体重是在月球上的两倍（也是地球上的三分之一）。

双日出度假村和水疗中心 📷

在水星特殊的地点特殊的时间你可以不时地（但可预测）观测到这颗行星著名的"双日出"现象，这种最美的最引人入胜的自然景观是由水星奇怪的 3：2 公转和自转周期比率，以及它绕太阳公转的轨道是椭圆形引起的。其中最特别的双日出度假村（Double Sunrise Resort）和水疗中心位于赤道沿西经 270 度［靠近卡拉瓦乔环形山（Crater Caravaggio）］附近。在日出东方的几天前，水星在它的椭圆公转轨道上靠太阳最近，这个位置被称为近日点。当水星接近近日点时，它会由于太阳的引力而加速，最终超过了其自转速度，这样水星天空上的太阳将停止移动并反转，以致太阳又落回到东方！但是随着水星的公转速度开始减慢，并且它的自旋速度会再次超过公转速度，太阳又会回到正常运动，几天后太阳会再次日出东方，然后正常移动穿过天空。双日

出度假村和水疗中心会为你提供朝东的全窗式舱室或其他房间，在那里你可以完全放松，并快乐地观看只有在水星才能看得到的、独特的天体表演。

热点公园 🚶

在水星的某些位置，你会看到太阳长时间保持在空中，在水星靠近太阳时，太阳在天空中来回晃动，而不是沿着地平线升起。"接近太阳"和"太阳保持在空中"的组合会使水星这些地方的地表温度更高。在赤道附近和经度 180 度附近，有几家当地旅游公司会带你去一个相对平坦的古代熔岩赤道平原，也就是当地人口中的"热点公园（Hot Point Park）"。在那里你可以在温度高达 425℃的高温岩石周围走动（当然你需要穿上合适的防热服）。尽管金星表面会更热一点，你仍然可以站在太阳系第二热的行星上炫耀——而不会遇到硫酸云或极高的大气压力。

赫尔墨斯冰洞 🏵️🚶🏔️

就像月球一样，早在太空时代我们就发现水星在南极和北极附近有永久阴影的陨石坑（参见第 8 页的方框）。行星地质学家已经对这些陨石坑进行了详尽的探索，他们发现这些陨石坑中有来自外太阳系的小行星和彗星撞击带来的丰富的冰。事实上，就像在月球上一样，水星两极发现的冰矿开采现在已经商业化，被用来为水星殖民地上的居民和游客提供水和氧气。

虽然水星上还没有提供冰矿旅游的服务，但是在水星北极的康定斯基（Kandinsky）陨石坑里（水星上的陨石坑都是以著名的作家、艺术家和诗人命名的）有一个美丽的地下冰洞网络，它已经成为旅游胜地。这些奇特的冰晶由水、二氧化碳、氮气和其他一些化合物组成，覆盖了洞穴的墙壁、天花板和地板。那里建有一条舒适温暖的电车轨道，你可以沿着一条 10 千米长的步道观赏美丽的水晶美景，采矿公司联盟已经同意将其作为自然保护区。在太

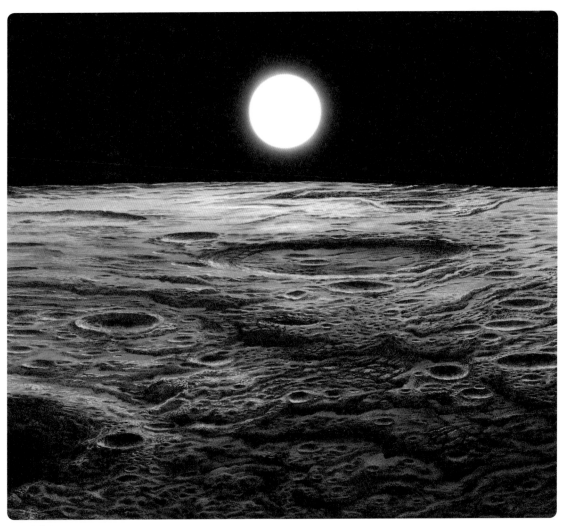

水星上空的太阳。

阳系最热的星球上，有这样一个冰洞的壮观景象，真是令人叹为观止。

到达那里

水星的"竞速赛季"时间段人很多。每个"竞速赛季"会维持几个星期，当水星公转至近日点附近时，它会因太阳引力而加速，因此一个"地球年"会有四次这样的赛季。在水星的"竞速赛季"期间，主要的太空旅行公司都提供优惠折扣，这会为水星带来数千名竞赛选手。机组人员和观光旅游者们会很快占满水星同步轨道或地面上为数不多的酒店和度假村。因此必须提前预订，特别是第四个"竞速赛季"，因为在该赛季的"太阳系-500"比赛中会确定最新的世界总冠军。

如果在水星竞速赛季这个时间段里你无法去水星旅游，或是你只是想避开人潮，你可以在供给飞船上预订座位。供给飞船的航班频率为每月一次，虽然你坐的不是头等舱而且到达水星的时间也较长，但票价便宜。货运公司还提供与水星的度假村和酒店相关的"一条龙"服务，因为它们通常在竞速赛季之外，预订相对较少。

旅游攻略

水星的旅游活动是围绕竞速赛季活动建立起来的。你可以从轨道平台、卡洛里殖民地的酒店和度假村中的全息赛事中心以及赛道附近合适的住宿区观看比赛。客房设施从简朴到五星级不等，但都需要提前预订，因为在竞速赛季节时旅客非常多。除

了看比赛之外，你还有机会观赏比赛车辆（特别是停在卡洛里殖民地的那些），甚至在主赛事前后参加比较慢（更安全）的尝试性比赛。

如果你在竞速赛季还没有到达水星，也有一些其他美妙的方式去探索水星的特殊景观。比如在午间去热点公园周围的高温小径上远足，去靠近北极地下冰洞缆车中纳凉，或者在地表或同步轨道上享受壮美的水星星空。在旅游淡季，酒店价格更实惠，可选的房间也比较多。

当地风情

在"竞速赛季"，水星变得十分拥挤，旅游也变得昂贵起来，各种活动络绎不绝，这些都令人非常兴奋。然而，对在竞速赛行业工作的当地人来说，他们会感到非常疲惫。所以如果你能在"竞速赛季"之外的时间段来水星旅游，那么你将有更多的机会去了解当地的风情，或者是在当地人没有太大压力和过度劳累的情况下了解他们。甚至有些游客坦言，因为他们和水星当地居民有着良好的友谊，所以在淡季时，他们还有机会去参加只有"内部人员"才能参与的私人竞速巡回赛，甚至可以去参加一些赛车运动员的晚餐或派对（其实还是有许多人在水星淡季期间停留）。如果你在竞速赛季时对待当地人非常友好，那么比赛结束后很可能会收到礼物。

水星探测历史

1610 年：伽利略第一次使用望远镜观测水星

1630 年：约翰内斯·开普勒（Johannes Kepler）准确地预测了每十年一次的水星凌日，直到 1631 年，天文学家才观测到水星凌日

1928 年：水星的第一张照片显示水星表面的明亮和黑暗的印记

1973 年：NASA 的水手 10 号成为第一艘飞越水星的机器人航天器

1991 年：地基雷达发现了水星极地陨石坑中有冰

2004 年：NASA 的信使号机器人航天器成为第一颗水星轨道器

2018 年：欧洲和日本联合项目的贝皮哥伦布号太空船环绕水星

2054 年：第一颗水星着陆器直接对水星极地冰层进行采样

2075 年：首批人类探险家登陆水星，带回极地冰的样本

2110 年：建立卡洛里殖民地

2151 年：建立第一批旅游航班和酒店

2160 年：水星首次举办地面赛车比赛（在旧水星赛道）

2194 年：新的水星行星际赛道为火箭推进的赛车开放

2218 年：水星上举办太阳系赛车锦标赛

4

在火星上过暑假！

　　火星是太阳系中最受大家欢迎，也是深空旅游中最值得去参观的一个地方。火星的轨道在地球和月球以外，那里有各种奇妙的地形地貌、大气、极地特征和现象。对于远足者、露营者、美食家、摄影师、作家、艺术家、体育迷以及太空探索爱好者而言，火星上丰富多彩的活动比比皆是。不要试图只用一个周末或一个星期去火星旅游。火星是最像地球的一个行星，你需要在工作之余多花一些时间，带上孩子们，用整个夏季去探索这个红色星球！

　　火星在人类历史上的特殊性可以追溯到史前时代。火星约每两年呈现一次明亮的红色"亮星"，这是动态夜空的最早线索之一，我们的祖先认为这是神的力量。

对页：火星，多个旅游景点。机器人先驱／艺术和文明／建筑和农业。20 世纪 70 年代以来，各种人造轨道器、着陆器和漫游车来到了火星。21 世纪中叶以后，人类开始登上火星。许多早期的历史遗迹都经过精心修复和保存，因此请你务必在红色星球之旅期间参观这些遗迹。

对希腊人来说，火星的红色象征着血液，因此他们将火星命名为战神——阿瑞斯，后来被罗马人改名为"战神马尔斯"。又过了几个世纪之后，天文学家们发现了火星在夜空中的独特运动方式（有时它会有明显向后或逆行运动），这让当时的天文学家们意识到：行星是绕太阳运转的而不是绕地球运转的，还有许多行星（包括火星）的运行轨道是偏心路径而不是完美的圆。

在太空时代开始之前，火星对于科幻小说家和编剧们来说非常神秘，他们一直在想象和推测"火星的真实模样"。在 20 世纪末和 21 世纪初，机器人飞越、人造轨道器、着陆器和火星漫游车任务揭示了火星的地貌景观——类似于美国西南部或南极洲的干燥谷（Dry Valleys）。即便和地球上最极端的寒冷地区或沙漠地区相比，火星上的生存环境也更加危险和恶劣。

火星上的重力是地球上重力的八分之三，所以你在火星上可以更容易地行走、跑步和跳跃。火星的表面非常寒冷，平均白天和夜间温度分别为−53℃和−93℃。另外，火星上经常有强风暴，但那里的空气非常稀薄（是地球大气压的 1%），二氧化碳含量高达 95%，所以人类无法呼吸火星上的空气。火星的直径是地球的一半，但火星地表面积与地球上总陆地面积大致相同。因此如果你准备充分、装备精良，你可以去探索火星上的很多地方！

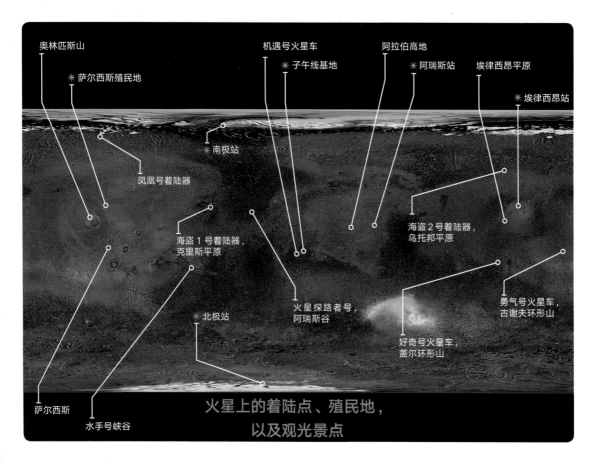

奥林匹斯山

萨尔西斯殖民地

机遇号火星车

子午线基地

阿拉伯高地

阿瑞斯站

埃律西昂平原

埃律西昂站

南极站

凤凰号着陆器

海盗 2 号着陆器，乌托邦平原

海盗 1 号着陆器，克里斯平原

火星探路者号，阿瑞斯谷

勇气号火星车，古谢夫环形山

北极站

好奇号火星车，盖尔环形山

萨尔西斯

水手号峡谷

火星上的着陆点、殖民地，以及观光景点

火星基本概况

星体类型	从地球出发的旅行时间
行星	约 2 周到 6~9 个月不等

✴

离太阳的距离

平均距离约为 1.52 AU，即 2.28 亿千米，火星在偏心轨道上绕太阳公转，实际距离从 1.38 到 1.66 AU 不等

直径

6 792 千米，约是地球直径的 53%

✴

精彩之处

最高的火山！最深的峡谷！
最疯狂的沙尘暴！疯狂的星球！

✴

离地球的距离

平均距离为 0.55 亿 ~4 亿千米

平均温度

	白天最高温度		夜晚最低温度	
	°F	℃	°F	℃
年平均温度	− 63	− 53	− 153	− 93
赤道	70	21	− 54	− 48
中纬度	− 45	− 43	− 153	− 103
极昼	− 9	− 23		
极夜			− 198	− 128

去前准备

也许在火星上最危险的事情，就是它太容易让你觉得自己好像就是在地球上。火星的许多地方看起来很像地球上的沙漠。那里的寒冷、低压、极度干燥、缺氧、高辐射和沙尘暴都可能是人类的灾难。你必须学习如何在火星的极端环境中生存，要特别小心，在这个壮丽的星球上，可能有各种致命危险。

无论在火星上进行哪种旅游活动，你都需要做好准备迎接以下挑战。

低温 🥶

一定要注意防寒。也就是说，你必须穿上合身的保暖服和适合参观地点环境（赤道、高海拔、极地或地下）的太空服。旅游公司会为你的不同旅程提供合适的装备，但你可能需要几天的时间来学习如何正确使用它们。在登陆火星之前，请你熟练掌握使用太空服装备的知识，这会帮你省去很多麻烦。

高辐射 ☢

火星的大气层是没有臭氧层的，所以它无法像地球大气层那样阻挡来自太阳的高能紫外线辐射。另外，火星也没有磁场，因此它无法阻挡或偏转太阳风和其他更高能量的辐射形式。因此，如果你不采取适当的防辐射措施，例如太空服、地面车辆和栖息地的辐射屏蔽设备等，那么随着时间的推移，你所受到的高辐射可能会让你身体不适或导致疾病。请你务必使用飞船上机组成员和旅行地导游所提供的设备，以便监控你在火星旅行期间所受到的总辐射剂量。

中等重力 ⬆⬇

火星上的重力约为地球上的八分之三。所以在火星上你会感觉比在地球上更轻盈，但是不会像你在月球上感觉到的那么轻，也不会像在福波斯、得摩斯或者其他更小的星球上感觉的那么轻。火星上的中等重力可以使你产生错觉，让你的内耳有一种虚假的地球上的平衡的感觉，使人迷失方向，甚至会"晕船"。当外部的环境发生剧烈变化时，人体系统总需要一段时间来调适。有些旅行者在登上火星时会穿上加重的太空服，以模拟地球上的重力，然后再随时间的推移慢慢减轻重量。还有一些旅行者可能会穿着较轻的火星太空服，先容忍一点身体上的不适，以加快适应火星的重力环境。

奇异的地形 ▓

火星上覆盖着火山岩、火山玻璃碎片、松散的沙子、高低不平的撞击坑和熔岩流。但是，火星上有一些地方非常光滑并且危险。最著名的是火星沙尘堆积的地方，这个地方看起来很平滑，似乎很适合行走，但你要格外小心：如果你踩到

一个充满灰尘的火山口或裂缝，很可能会立即陷入2米以下的深处，并落到下面的锋利岩石上。火星上这些蓬松的地貌类似于在地球上的流沙地貌。早期的火星探测器之一，勇气号探测器（Spirit），就是在21世纪初漫游探测火星时坠入了大约25厘米的、未知的、由沙尘充满的撞击坑，之后它再也无法出来。幸运的是，现在你的旅游指南和公园导游都知道如何识别这些危险的地方，然后他们能用一根绳子帮助你走出去。对刚到火星的人来说，他们会使用很特别的、有软垫的太空服来应对崎岖不平的地形，并且尽量在旅游路线上行走，以避免坠入深坑。

沙尘，沙尘，还是沙尘！ 🎲

当你去火星时，即使一直待在室内，也可能遇到沙尘的袭击。著名的红色火星沙尘是由数十亿年的陨石撞击形成的岩石碎末（大小介于粉末和烟雾之间）组成的。每当密封气闸打开时，尽管有沙土过滤系统，但是沙尘还是可以进入室内。沙尘可以进入到你的太空服、旅馆房间、厨房和食物里。甚至你可能会无意识地吃到火星沙尘。幸运的是，这个红色星球的沙尘并没有毒，但是沙尘会造成危害，包括损坏太空服、气闸密封件和机械设备。早期的火星定居者必须防范由沙尘引起的健康问题，尤其是"红肺病"。这是一种呼吸系统疾病，类似于由煤尘引发的、地球矿工百年来一直面临的疾病——"尘肺病"。虽然现代先进的医学和过滤系统已经解决了最严重的红肺病问题，但许多火星上的游客仍然会感到喉咙沙哑、干燥等不适，以及沙尘对眼睛，鼻子和皮肤所造成的刺激。你需要经常淋浴，喝大量的水，进行安全演习。

水手号峡谷（又名火星大峡谷）半球视图，由 20 世纪末的海盗号机器人轨道器拍摄。

不要错过……

即使你可以在红色星球上度过一生，也不可能探索完火星上所有的壮美景观和奇迹。幸运的是，火星的许多"大热门"景点已经变成了公园，它们是主要旅游观光公司的热门目的地。其他景点还包括以火星为主题特色的度假村、餐厅和娱乐场所，其中大部分都建立在几个殖民地和太空港中。

水手号峡谷：飞越火星的"大峡谷" 🏔️ 📷

几乎整个火星的半球地貌都是巨大裂谷，它们是在数十亿年前由地下高温火山岩浆涌升形成的巨大裂缝和地表裂谷。这个巨大的峡谷最早在 20 世纪 70 年代在水手 9 号航天器拍摄的图像中被发现，被称为水手号峡谷，也称火星大峡谷（Valles Marineris）。然而，事实上它比地球上的所有大峡谷都大得多，因为水手号峡谷在整个火星地表上延伸了 4 000 千米。如果它在地球上，火星大峡谷的范围可以横跨纽约至洛杉矶。峡谷宽度超过 200 千米，深度达 7 千米！峡谷墙壁上的地层揭示了古老的湖泊沉积物和较近时期的熔岩流，峡谷的底部有着独特的气候模式，包括雾、霾和沙尘暴。水手号峡谷由许许多多的峡谷平行连接而成，这些迷宫似的地形值得你去探索。

有的旅游公司提供壮观的峡谷飞越，而有的

水手号峡谷系统的部分峭壁和谷底的透视图。

近 26 000 米高的奥林匹斯山，太阳系中最大的火山。

提供沿谷底和峭壁的地表游览。无论是选择飞行或徒步，还是两种方式都选，你都能轻松地花一个星期或更多的时间来探索大峡谷的地质和景观。峡谷内的住宿设施包括露营地、简单的圆顶栖息地以及在峡谷深处的高端温泉和天然浴场的度假胜地，这样的温泉和浴场都是利用从地下涌出的地热建成的。

探索萨尔西斯火山峰

萨尔西斯地区（Tharsis region）的四座大型火山为你提供了极好的徒步旅行机会，它的面积和美国西岸地区的面积差不多。其中最大的山是奥林匹斯山（Olympus Mons），它是一座单峰火山，火山底部面积约为亚利桑那州的大小，它比周围熔岩平原要高出 26 000 米。奥林匹斯山公园现在是行星星际公园系统的一部分，这里有几十条小径和野营地。幸运的是，大部分旅行路径并不陡峭（山的坡

为什么火星上有这种巨型火山？

火星是一个比地球小的行星，那它为什么会有这些巨型的火山呢？这取决于两个因素：地壳构造和重力。地壳构造非常重要，火星不具有像地球一样的相对移动的地壳板块。因此，当火山爆发时，从火星地幔深处的熔岩会聚积在地壳上的一个地方——越来越高——而不是散布成像夏威夷群岛那样的"热点"火山。重力也很重要，

因为火星较低的重力可以让火山结构在达到平衡之前上升到更高的高度。如果在地球上，奥林匹斯火山最多只有 9 144 米高的山峰——当然这也是令人惊叹的高度。但是在火星上，由于低重力和无地壳板块构造，相同类型的火山形成过程就产生了太阳系中最高的火山。

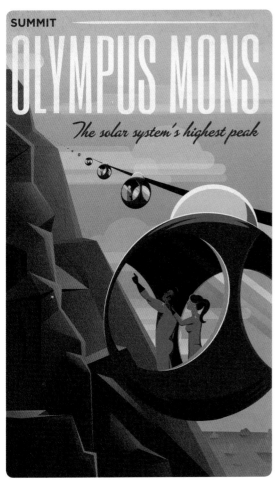

SUMMIT

OLYMPUS MONS
The solar system's highest peak

顶峰，奥林匹斯山，太阳系最高的山峰。壮观的缆车将带你欣赏火星壮丽的景色和太阳系最大的火山——奥林匹斯山的崎岖地形。

度像战士的盾牌一样平缓，是典型的地质学家们所称的盾形火山），但也有些地方非常崎岖蜿蜒，那是因为它们受到数亿年前熔岩流的侵蚀和碎片撞击。如果要攀登这些地区，你可以乘坐缆车，穿过火星上最崎岖、最神奇的地貌。虽然这里的火山本身已经熄灭了，但是地质学家们已经发现了几个地方，有地热（实际上是热气）仍然通往地表，它们被用于一些小型人造温泉度假村，那里是你攀登火山时中途休息的好地方。当登上火山峰时，通过稀薄的大气去欣赏火星弯曲的地平线视角，而且最重要的是，你已站在太阳系行星的最高峰上了！

极地雪中乐趣 🎴 👥

火星的北极和南极永久冰盖是运动员和游客们进行各种冬季运动的胜地。永久冰盖为你提供了极好的远足、健走、滑雪、驾驶雪地摩托和乘坐雪橇的机会。（你需要购买或租借火星上专用的加热底部的滑雪板或雪橇，用人工方式获得像地球上滑雪板和雪橇底部那样的低摩擦表面。）如果你想要获得一种真正独特而奇异的体验，请尝试在晚秋干冰形成时，或在早春干冰蒸发之前，去火星季节性极

火星上会下雪吗？

火星自转轴的倾斜角度与地球的大致相同，因此火星上的季节变化也类似于地球上的春夏秋冬。但是，火星上每个季节的时间大约是地球上的两倍，因为火星绕太阳公转的时间是地球的两倍。和在地球上一样，火星的两极都会经历长时间的黑暗——极夜；然后长时间的连续白昼——极昼。极地地区是寒冷的，两极都有范围相对较小的永久地表冰川，称为永久极地冰盖。在极夜期间，气温急剧下降，降至-128℃时，二氧化碳（火星大气中的主要气体）几乎会以干冰形式降落在火星表面。这种"积雪"能形成厚达1米的季节性干冰沉积物，并且常常覆盖在极地冰盖上。当春天来临时，这些干冰又会蒸发回到大气层。几个世纪以来，人们一直在使用地球望远镜和火星轨道航天器监测季节性火星极地冰盖的增长与收缩的周期。

地冰盖旅游。季节性冰盖的有些部分是透明的，看起来你就像走在水晶般清澈的水面上一样，或者感觉像是浮在其表面，但实际上它有好几英尺深。在一些二氧化碳干冰覆盖的地方，你可能会遇到生平最崎岖难走的地形。还有一些地方，你可以观看壮观的间歇泉从冰盖喷出，这是因为太阳光加热了表面以下的冰，导致二氧化碳干冰碎裂，剧烈地释放出冰层中的水汽。

在火星两极的冰雪中，度假村和酒店已经建成，其中有几个建在足够深的地方，这是为了保持能够呼吸的气压。（但你仍需要穿一件毛衣！）

阿瑞斯站殖民地 📖 ✖ 👫

火星首批定居者想要找到一个适宜人类居住的地方，需要权衡和避免对人类的生存构成危险的环境因素。这些因素包括避开极寒温度（因此希望靠近火星赤道，那里是最热的地方）、充足的太阳能（同样靠近赤道地区）、高辐射水平的防护（可以在地下或者在土壤/风化层中建造防护高辐射设施），以及接近充足的地表水或地下水。最后一项水资源的要求使早期火星定居者们选择了阿拉伯高地（Arabia Terra）的东北部，这是距离赤道最近的地区之一，在21世纪早期的火星机器人任务中，已经探测到阿拉伯高地有地下冰层和含水矿床。后来，首批火星任务的宇航员也确认了这一点。

作为火星上的第一个人类殖民地，阿瑞斯站（Ares Station）拥有丰富的空间科学和探索历史。它比月球殖民地和新建立的火星殖民地小，但也有很多酒店住宿和餐饮供你选择。其中大部分设施都能让你通过基地的观光窗口欣赏到环形山边缘的美丽景色和层层悬崖。

在火星北极的层状沉积物的倾斜视图：雪、灰尘和无穷乐趣！

萨尔西斯和埃律西昂火山的熔岩管殖民地 ⛰🗻✖

火星上的火山活动不仅形成了巨大的火山和地表的熔岩流，还形成了地下熔岩管道，这里曾经有熔岩流出，流到下游的地面上去。当熔岩流量减少时，熔融岩石会冷却凝固，这些熔岩管就形成了巨大的洞穴和管道网络。熔岩管道最早是在 21 世纪初被发现的，当时这些熔岩管洞穴的顶部受到了撞击，然后产生了"天窗"，这样才被人们发现。

萨尔西斯和埃律西昂火山（Elysium volcanic）地区的地下熔岩管道网络非常引人注目，因此它们被一些最早的火星殖民者改建成栖息地。另外，这些地下熔岩管道可以防止火星地表的紫外线和宇宙辐射。从此，萨尔西斯和埃律西昂火山成了完全的火星地下殖民地。现在经过密封，熔岩管道已经与外界完全隔离，其内部的温度控制得很好，人们在里面仅需穿衬衫即可，而且还充满了可以直接呼吸的空气。这里有旅游酒店和度假村，还有最好的餐馆（其中许多食材是在熔岩管道内种植的）。这里还有各种适宜旅游的场所，包括博物馆、戏剧厅、音乐会和赌场，还有一些体育赛事。

阿雷奥站 1 号、2 号和 3 号 📷👥✖

根据现代空间飞行器的标准来看，阿雷奥空间站（Areostation）的尺寸是相对较小的，但它是环绕火星的空间站——用于地球和其他太阳系目的地之间通信——而且还能承载少量观光游客，以抵消部分运营成本。那里的工作人员会为你营造一种友好和有趣的太空体验，你可以联想到几百年前，宇航员在较小的地球国际空间站上的工作和生活的情景。这里的住宿相对简朴（铺位和睡袋），活动侧重于重温空间站的历史，进行零重力下的健身运动，从窗口观看火星和摄影。吃饭也很简单，只需要加热真空密封包装的食品。对训练有素或有经验的游客来说，甚至还有机会与宇航员一起观摩修理太空站的器材，并和他们一起进行太空行走。如果这正是你所要寻找的老派空间站的体验经历，那么就请你赶快在阿雷奥站中预订一个座位吧。要注意：渴望到此一游的人很多，你必须尽早预订。

人类第一次登上火星

20世纪60年代的阿波罗任务取得令人难以置信的成功之后,世界各地的太空支持者将目光投向了火星。然而,人类花了将近70年的时间才得以实现在火星上登陆。为了实现这个梦想,必须克服各种政治、金融和技术障碍,最终人类实现了另一个"巨大飞跃"。美国国家宇航局和其他国际航天机构联手努力,跟以前阿波罗登月计划中一样,登陆火星表面也需要逐步实现一系列精心策划的中间步骤。首先,在21世纪20年代,机器人探测器完成了对火星的全球侦察,然后将火星样品从火星表面带回地球进行详细的科学鉴定和安全分析。在21世纪30年代初,第一批宇航员被派往火星轨道上,以验证飞行器能够长期稳定地巡航和环绕火星飞行,就像1968年阿波罗8号任务探测月球那样。最终,2037年发射的阿瑞斯游骑兵3号飞船于7月4日在火星上首次成功登陆。与阿波罗计划不同的是,阿瑞斯游骑兵3号的机组人员是男性和女性的国际组合,成员包括私企员工以及政府宇航员。地球上数十亿人观看了14个宇航员同时从飞船的登陆梯跳下,然后登上火星,顿时红色尘土漫天飞扬。他们用拉丁语高呼——"火星!我们来了,我们将从这里飞向更远的星球"。

2037年,阿瑞斯游骑兵3号的一名宇航员在勘测古谢夫环形山的地质情况。

陷入蓬松尘土中的勇气号探测器照片,由阿瑞斯游骑兵3号上的宇航员所拍摄的。

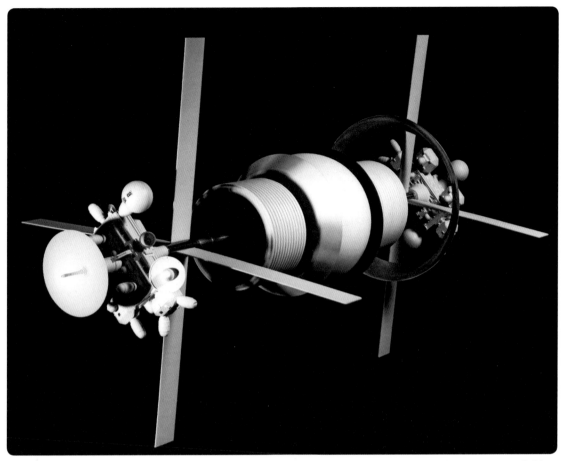

21世纪后期发射的阿雷奥站1号是三个（不久将有第四个）火星高空轨道上的同步空间站的其中一个。这些空间站被用于通讯、科学研究，甚至还可用于旅游参观。

火星漫游车和着陆器国际历史公园 📖 👥

就像在月球上一样，历史学家和太空历史的爱好者们呼吁并成功建成了国际历史公园，联合国教科文组织将最早的火星探测机器人航天器和人类在火星上的登陆点规划为行星际科学遗产保护区。对爱好太空历史的旅客来说，这个消息太好了。因为这意味着他们可以看到海盗号着陆器（1976年）、火星探路者号着陆器和索杰纳号火星车（1997年）、勇气号和机遇号漫游车（2004年）、好奇号漫游车（2012年）以及南船座系列漫游车（从2028年开始）。你也可以跟随导游去前5次火星任务的着陆点，

从阿瑞斯3号任务开始，你会亲眼看到小时候在电影和节目中看到的火星登陆地点。第一次人类登陆火星是在古谢夫环形山（Gusev crater），它距离勇气号漫游车最后停止的地点并不远，因此这次参观将为你带来"一箭双雕"的太空之旅。

到达那里

火星和地球几十亿年来一直在围绕太阳公转，每隔26个月它们就会在太阳的同一侧，它们之间的距离也相对接近。太空航空公司可以在火星和地球之间距离最近时为你提供最快捷的旅行，传统航天

飞机大约需要 6 个月时间到达火星，而使用最新的推进系统仅需 2 个星期（当然每名乘客的费用要高得多）。通常情况下，太空航线将抵达火星的卫星轨道并着陆在小卫星福波斯（少数时候会是在另一颗更小的卫星得摩斯）上，然后，再乘坐另一架航天飞机去一个火星表面的殖民地或其中一个在殖民地上方的阿雷奥同步轨道空间站。

在你到达火星之后，当地的旅游公司会为你提供各种传统的喷气式飞机或火箭助推器，让你从一个殖民地到另一个殖民地，从这个旅游景点到另一个旅游景点。经济型的旅客会选择较慢的"阿雷奥喷气式飞机（areojet）"服务，而那些有钱的旅客可以选择乘坐更快更奢华的火箭推进器。请务必提前安排好你的时间表，因为预订票很快就会没有了，并且最后所剩的机票会异常昂贵。

火星旅游攻略

对短期或长期游客（甚至是火星的永久居民）来说，火星上可选择的旅游项目仅次于月球。不管你是太空历史、星际艺术、文化和音乐的爱好者，还是一个正在寻找当地美食的美食家，又或是一个创意厨师、户外运动的爱好者，或是夫妻，或是一家人，所有的人都能在火星上找到优质的住宿、餐饮、娱乐和游戏的选择。

四大火星殖民地的基地为你提供了多种多样的住宿和用餐选择，如果你打算在火星上度假几个月（你应该已经有这样的计划了），你应该计划去游览每个殖民地。这需要提前做一些研究，当你在抵达火星时，你可以与各个殖民地的旅游代表咨询旅游线路的费用和折扣。在每个殖民地，你都可以去探索美丽的历史公园，徒步旅行、野营和摄影。不要忘记在你到火星的旅途中间，去至少一个同步轨道上的阿雷奥空间站观光，并花一些时间去探索火星的小卫星——福波斯或得摩斯（或两个卫星都去看看）。

当地风情

现在火星上有超过 10 000 名永久居民，其中一半以上是在火星出生的，在这个红色星球上生活的人的正进化为另一个未来人类分支。就像那些在月球上出生和生活的人一样，与地球人相比，较低的重力会导致火星人身材苗条、较高，他们的骨骼密度较低，肌肉也较少。由于地表辐射水平较高，在火星殖民地的初期，人类的出生缺陷率很高。但随着技术、医学和居住环境的巨大进步，缺陷率已经大大降低了。而且，你还会注意到火星人的行为举止非常优雅自如，胜于我们地球人。

除了行为举止，火星人的优雅也体现在他们的心理上，当你了解他们时，大多数火星人都非常友好、善良和热情。也许正因为他们总是需要与火星的自然力量抗衡，他们也乐意与他人友好相处。在地球之外生活的"人类"，时刻都在为"生存"与恶劣的环境作斗争，所以他们不会浪费时间和精力在内部消耗上。

火星探测历史

史前：火星在夜空中被认为是特殊的"游星"

1659 年：荷兰天文学家克里斯蒂安·惠更斯（Christiaan Huygens）根据望远镜观测绘制了第一张火星图

1877 年：意大利天文学家乔凡尼·斯基亚帕雷利（Giovanni Schiaparelli）绘制了火星地图，他标记了直线的水道特征（意大利语为"管道"）

1894 年—1909 年：美国商人、天文学家帕西瓦尔·罗威尔（Percival Lowell）在他的火星地图上绘制了想象的数千条"运河"，并将火星宣传为可能是先进文明的居住地

1965 年：水手 4 号探测器首次飞越火星；观测到火星古老的陨石坑地貌

1971 年：水手 9 号成为第一颗火星轨道器，观测到壮观的峡谷和火山

1976 年：海盗 1 号和 2 号探测器首次成功着陆火星，观测火星地质细节、在火星上进行首次生命测试

1997 年：火星探路者着陆器携带的索杰纳号火星车，是人类送往火星的第一个火星车

2004 年—2020 年：勇气号、机遇号和好奇号探测器详细探测火星

2021 年—2025 年："火星 2020"漫游车收集并保存火星样本，以便未来带回地球

2028 年：南船座机器人任务带回了第一批火星样本进行详细研究

2033 年：第一批宇航员乘坐阿瑞斯 1 号飞船前往火星轨道

2037 年：阿瑞斯 3 号机组人员首次在火星的古谢夫环形山上登陆

2065 年：国际阿雷奥空间站 1 号在火星轨道上建立，用于研究和探索

2085 年：火星上出生了第一个婴儿

2088 年：阿瑞斯站成为阿拉伯高地东北部的第一个火星殖民地

2110 年：航天飞船第一次开始将研究人员和游客送往火星

2120 年：早期的机器人和人类登陆地点宣布成为教科文组织的行星际科学遗址

2121 年：开始火星北极冰川开采；建造运送水的"运河"

2130 年—2170 年：在子午线平原（Meridiani）、萨尔西斯和埃律西昂的熔岩管上建立了另外三个火星殖民地

2218 年：联合国承认联合火星殖民地是一个地外国家

实地考察福波斯

如果你要到火星上旅游，请考虑顺路游玩一些附近的星球，如火星的卫星福波斯（火卫一）和得摩斯（火卫二）。最靠近火星的卫星福波斯通常是游客乘坐飞行器前往火星的中转站，许多人计划延长停留时间来探索这个块状天体。

它的的确确是块状的！福波斯和得摩斯表面通常呈浅灰色而且它们均形似马铃薯，因此被称为"火星的马铃薯卫星"。福波斯的长度大约只有 22 千米，它的表面积约为萨摩亚群岛（Samoan Islands）的一半。虽然福波斯表面可供探索的地方不多，但即使是短期探访，仍然有很多独特的景点供你参观和体验。

对页：福波斯 & 得摩斯，在火星的卫星上进行太空时代的巡航。火星殖民和旅游协会早期的一幅受欢迎的旅行海报突出了福波斯上方壮观的、在火星笼罩下的天空景象。

福波斯是太阳系中人们不太熟悉的卫星之一，因为它的轨道与火星的距离比其他卫星离各自主行星都要近。事实上，福波斯在如此近的距离围绕火星旋转，轨道周期只有 7.5 小时，它实际绕转火星的速度比火星本身的旋转速度快（火星自转周期为24.7 小时）。人们在地球上看到太阳、月亮、恒星和行星东升西落。但由于福波斯快速的轨道运动，生活在火星表面的人们看到福波斯从西边升起、东边落下。福波斯的这种快速运动也意味着福波斯上的人们可以看到火星上许多美丽的景象在天空中快速移过。

如果你从地球上以零重力的方式到达福波斯，那么福波斯将为你提供一个重新认识重力的地方。因为福波斯很小，地球上的重力是它的 1 700 倍，所以你感受到的重力很小很小！万物（包括你）都可能会在那里缓缓地下落。

行星科学家们仍在试图找出福波斯是如何形成的。它是火星以某种方式从附近的小行星带捕获的小行星吗？又或者它是很久以前火星经历的巨大撞击剥离后火星本身的一部分？就天文学层面来说，没有太多时间来弄清楚了；由于福波斯的轨道与火星非常接近，天文学家认为它不稳定，预计它会在大约 1 000 万年的时间内撞向火星。所以，请尽情享受参观这个转瞬即逝的天体吧……

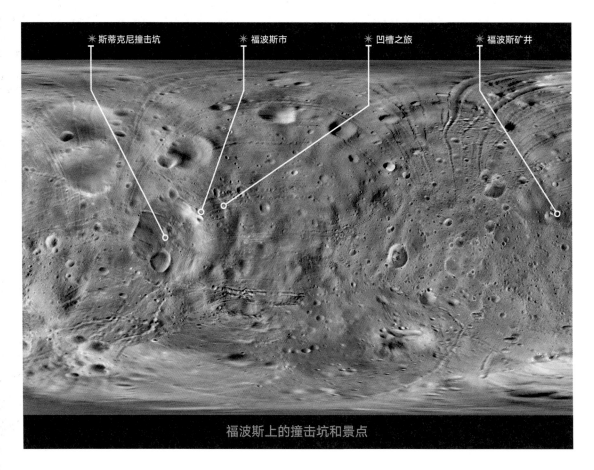

斯蒂克尼撞击坑　福波斯市　凹槽之旅　福波斯矿井

福波斯上的撞击坑和景点

福波斯基本概况

星体类型
行星卫星

✳

离太阳距离
平均 1.5 AU，即大约 2.25 亿千米

✳

离地球距离
2 年时间内在 0.74 亿 ~3.7 亿千米之间变化

从地球出发的旅行时间
最少 3 周，最多 9 个月

✳

直径
不规则形状，约为 27×23×19（单位是千米）

✳

精彩之处
叫斯蒂克尼的巨大的撞击坑占据了整个半球

平均温度

白天最高温度		夜晚最低温度 / 阴影温度	
°F	℃	°F	℃
25	− 4	− 170	− 112

去前准备

如果你计划在福波斯上延长停留时间，你需要做好准备迎接以下挑战。

低重力 ⬍

如前所述，尽管福波斯上有重力，但与地球上的重力相比可忽略不计。你需要买低重力套装，包括一些高质量的重量靴子。这是为了将你的质量提高到地球上质量的 10 倍以上，这样你就可以在这个低重力天体上有半正常行走（更像跳跃）的机会了。或者，屈服于这个微重力环境！你可以坚持用屡试不爽的扶手、尼龙搭扣靴和其他零重力技巧从福波斯室内的一个地方到另外一个地方。

不要错过……

斯蒂克尼撞击坑的凹槽边缘之旅 🕸 💀

福波斯上到处都是撞击坑，其中最大的一个叫斯蒂克尼（Stickney），它占据了这个卫星表面很大的一块地方。巨大的凹槽从撞击坑向外辐射，其成因仍不得而知。无论如何，至少有一家在福波斯上运营的地质旅游公司已决定在新的特别旅游中展示这些凹槽。福波斯地质公司（Phobos / Geo Inc.）为"凹槽旅游"签约了 20 人左右，一艘摇滚喧嚣的班车穿梭于其中一个主沟，当地地质学家提供关于福波斯及其景观历史的详细信息，当地 DJ 用各种各样的"凹槽"乐曲来标记科学记事。一次来回大约只有 90 分

福波斯为什么这么多沟槽？

1877 年美国天文学家阿萨夫·霍尔（Asaph Hall）发现了福波斯，所以当 20 世纪空间探测器终于拍摄到福波斯时，它最大的地质特征是以霍尔的妻子安洁莉娜·斯蒂克尼·霍尔（Angeline Stickney Hall）命名的。行星地质学家对斯蒂克尼地质特征很感兴趣，因为形成这种地质的撞击事件足以将可怜的小福波斯完全分裂。但事实上，撞击坑深入地下，在地下形成一个巨大的洞。奇怪的凹槽从斯蒂克尼发散开来，并且撞击坑的内部有美丽的明亮和黑暗的侵蚀图案。这些凹槽让地质学家感到神秘，部分原因是它们延伸超过一半的福波斯表面。它们能否代表在形成斯蒂克尼撞击坑的压力下福波斯开始被撕裂时构造的断层和山谷？还是它们是岩石和其他碎片从洞中飞出形成的长槽以及把地面冲击成撞击坑的模样？人们虽然做了大量地质勘察，但仍未解决这个问题。

福波斯的伪彩色合成图，显示了斯蒂克尼撞击坑（右边的大凹穴）。

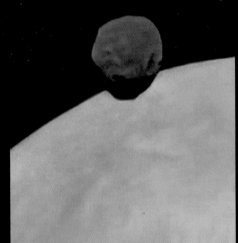

福波斯和斯蒂克尼撞击坑近景。

乘坐福波斯太空航班，等待你的是火星壮观的景色。

钟，只能走马观花，但是提供的饮料和小吃可以帮助你和同行的游客真正"沟通"。

库奇纳·帕诺拉马 ✖ 📷

如果你只是短暂停留，或者只想在太空港附近的地方旅游，那我强烈推荐你到库奇纳·帕诺拉马（Cucina Panorama）订餐吃一顿，库奇纳·帕诺拉马是火星系统最古老的餐厅之一，这项活动只需花费几个小时。坐在巨大的透明圆顶下面，你和你的同伴们可以看到火星的表面——火星在你们的上空几乎填满了天空——优雅地从空中移过。这种景象让人想起地球上古老的旋转摩天大楼餐厅，整个火星都从你头顶掠过。这里食物一般（主要是旅行者随身携带的合成食品和其他快餐食物），但观赏美丽的景观才是到这里订餐吃饭的主要原因，尽管餐厅的价格很昂贵，但这必将是一次美妙的体验。

福波斯矿业公司 🚶

从早期太空时代我们就已知道，福波斯富含所谓的含碳材料（如某些陨石类型）。发现福波斯上

福波斯探测历史

- 1877 年：美国天文学家阿萨夫·霍尔发现福波斯
- 1971 年：水手 9 号探测器从太空拍摄了福波斯的第一张低分辨率图像
- 1977 年：海盗 1 号火星轨道器拍摄了福波斯的第一张高分辨率的图像
- 1989 年至 2010 年：福波斯 2 号、火星全球探勘者号、火星快车号和火星勘测轨道飞行器也拍摄了高分辨率的福波斯图像和测绘图
- 2005 年：勇气号火星车从火星表面拍摄了第一张福波斯图像
- 2029 年：机器人取样任务（福波斯 3 号）从福波斯首次成功返回
- 2035 年：作为战神 1 号火星轨道任务的一部分，宇航员首次着陆福波斯
- 2078 年：在福波斯上成功提取出碳和水
- 2110 年：福波斯市作为福波斯上的主要太空港而建立
- 2112 年：福波斯矿业公司开始在福波斯上进行工业规模的碳和水开采
- 2218 年：斯蒂克尼边缘小道和公园成为行星际公园系统的一部分

蕴藏富含碳的矿石和大量的水沉积物后，就可以从福波斯背面的一些陨石坑中开采矿藏，这给福波斯的主要产业提供了驱动力。当地人（被称为福波斯人）将大部分碳输送到整个太阳系，这些含碳矿石可以作为工业（钢、碳纤维纳米管和其他先进建筑材料）原材料、电子产品或合成钻石，这些都是福波斯矿藏的代表性产品。

到达那里

你前往福波斯（和火星）的旅途时间长短将取决于你的出发时间，以及你可以支付多少费用。如果火星和地球位于太阳的同一侧，并且你可以承受昂贵的新超高速核动力飞船的票价，那么你可以在短短的 3 周内就从地球到达目的地。在低速旅行和价格实惠的情况下，如果你在传统的每 26 个月一次的发射窗口离开，就如同 20 世纪第一次火星返航任务一样，那么化学推进的航班需要 6 到 9 个月才能

让你到达那里。来回火星的大部分航班会在福波斯或得摩斯上稍作停留（或两颗卫星上都停留）。但请注意，过去几年火星不停站的频率一直在增加。无论乘坐什么飞船，你都会到达福波斯市，它是最大的（也是唯一的）大型定居点和太空港，位于福波斯面向火星一侧的斯蒂克尼撞击坑边缘附近。

福波斯旅游攻略

福波斯主要是一个工业城镇和中转站，所以没有太多的旅游活动或度假式住宿可供选择。在福波斯背面的碳和水矿井附近有一个小而可爱的游客中心和博物馆，但到达那里要提前计划。幸运的是，你并不需要溜达到福波斯市的地下通道或广场外，去寻找好的地方吃饭和休息（当地酒店大多数是二星级和三星级的，它们都有标准的低重力泳池，许多酒店还有游戏俱乐部，甚至有一些盆栽和花园）。不幸的是，你可能得在黑暗中用餐，因为餐馆和酒

吧老板常常到闪闪的火星下面赚钱。尽管如此，几十年以来，包括福波斯伐慕斯（Phobos Pharms）在内的几个主要老牌餐馆仍在运营，它们打出的广告是"拥有整个火星重力井中最好的素食食品"（他们声称这是富含碳的土壤能很好地保持养分的证明），还有一家名为"不怕"（Fear Not）的酒吧，据说这是为 22 世纪首批殖民者提供饮品的地方。当你抵达时，请到下船码头的信息台查询，获取最新的设施信息。

当地风情

福波斯人对福波斯上的碳矿和水矿的安全和生产力感到非常自豪，所以如果你在那里有朋友——或准备在你访问期间交一些朋友——他们可能会给你安排一次机会难得的参观当地各种设施的 VIP 之旅。你也可以去内太阳系最大、最高产的碳矿的漆黑的竖井和通道内一看究竟。还有一个建议，与当地人随便多聊一聊，这能让你更多地了解当地的习俗和文化。

早期的宇航员只用加重的锚靴就有机会在低重力福波斯上的行走。在旅途中要有安全意识，要时时依靠绳索和导游的经验。

得摩斯上的抒情爵士乐

很多到福波斯的游客还计划到另一个类小行星的火星卫星得摩斯上。尽管福波斯被认为是通往火星之门，但更小、更远、更光滑的得摩斯是更火热的度假胜地，文化爱好者和行星际音乐家尤其喜欢那里。事实上，几十年来，得摩斯旅游局一直利用这颗卫星光滑的表面和缓慢围绕火星运行的特性，吸引抒情爵士音乐家。得摩斯市的爵士音乐节每火星年都会吸引太阳系最好的音乐家。

对页：位于得摩斯上方的得摩斯环站和栖息地的部分景观。

福波斯大约 7.5 小时就可以绕火星一周，而得摩斯的轨道周期长度是福波斯的两倍多，所以它需要 30 多个小时才能绕火星一周。事实上，由于得摩斯的轨道周期只比火星的自转周期长几个小时，因此火星在得摩斯的上空几乎一动不动。同样，火星上的观察者看得摩斯也是在火星上空非常缓慢地移动，得摩斯从火星东边升起，然后在西边降落，这个过程要花接近 3 个太阳日（火星上的一天是 24 小时 37 分钟，即火星上的 1 个太阳日）。得摩斯相对于火星的缓慢移动已经使它成为一个有着缓慢、柔和、放松氛围的目的地。"慢下来，你是在得摩斯上"，这是新来的游客常听到的问候语。

福波斯和得摩斯之间的另一个重大区别是得摩斯的地形和表面纹理。正如早期太空时代的发现，得摩斯比福波斯更光滑。虽然它有一个古老的陨石坑表面，但大部分的陨石坑及其周围的平地都被光滑的几乎粉状的土壤覆盖。这种情况出现在无空气的小天体上时，行星科学家称之为土壤风化层，这在得摩斯上随处可见。某种作用使这种精细磨碎的岩石和土壤大量出现，并分布在整个天体表面，使一些陨石坑的地形消失，并完全填满其他陨石坑。地质学家仍在试图弄清楚得摩斯上的这种情况是如何发生的，而福波斯上为什么没有。虽然得摩斯是古希腊神话中福波斯的孪生兄弟，但实际上它们是两个完全不同的小天体。

去前准备

如果你计划参观得摩斯，你要做好准备迎接以下挑战。

低重力 ⬆⬇

就像福波斯一样，得摩斯上的重力与地球重力相比非常微小。请参阅第 5 章中关于到低重力天体旅行的注意事项。

松软的土壤 ⚄

精细研磨的、几乎粉末状的土壤覆盖了得摩斯的大部分表面，并且在某些地方，粉末厚达数米。勘测得摩斯表面的第一批宇航员了解到，如果没有适当的固定，设备甚至人都会缓慢地沉入这种精细粉末中。由于柔软的土壤有面粉般的相容性，它还可以轻松地进入马达、齿轮和气闸密封圈，就像火星上著名的微红尘埃那样。为了避免这种潜在的危险，如果你站在得摩斯的表面上，导游会将你和你的配套设备清晰标记，紧跟导游，千万别迷路！

得摩斯市

得摩斯

得摩斯基本概况

星体类型	从地球出发的旅行时间

星体类型

行星卫星

✳

离太阳距离

平均 1.5 AU，即大约 2.25 亿千米

✳

离地球距离

2 年时间内，在 0.74 亿 ~3.7 亿千米变化

从地球出发的旅行时间

最少 3 周，最多 9 个月（大多数旅客从福波斯乘坐航班到达得摩斯，这趟航班耗时 1~6 个小时）

✳

直径

不规则形状，约为 14×12×11（单位是千米）

✳

精彩之处

表面光滑，其特征是有细粒岩石土覆盖

平均温度

白天最高温度		夜晚最低温度 / 阴影温度	
°F	℃	°F	℃
25	− 4	− 170	− 112

不要错过⋯⋯

得摩斯环站 ✕ 📷

得摩斯环站（Deimos Ring Station，当地人直接称之为"环"）是一个旋转的圆形空间站，宽 300 米，在得摩斯市上几英里的轨道上（但它也被认为是得摩斯市的一部分）。此环建于 22 世纪中叶，每 30 秒旋转一次，以创造一个类地重力环境。度假酒店的客房、餐厅、音乐俱乐部、水疗中心和环内景观以及众多博物馆和音乐会演奏厅位于 1 000 米长的内部轨道上。环内最多可容纳约 2 500 名游客和工作人员，通常在爵士音乐节期间才会有这么多人。

环上大多数地方都可以看到火星和得摩斯壮观的景色，偶尔也能看到福波斯，环上的高档餐厅常常获得火星系统的最佳烹饪奖。

得摩斯市爵士音乐节 👥 ✕

在火星新年假期的一周（大约每 26 个地球月发生一次）中，小小的得摩斯成为太阳系中无可争议的行星际爵士乐中心。这个音乐节起源于 22 世纪中叶，是当时居住在新建成的得摩斯环站的一小群音乐家的聚会。消息传开以后，当地人不断革新这种具有数百年历史的艺术形式的聚会，组织者也开始吸引来自地球、火星和其他殖民地上希望成为复

得摩斯来自哪里？

　　行星科学家用两个主要假设来解释环绕火星的这两个小型块状天体的存在。一种观点认为它们是被火星捕获到轨道上的小行星。火星轨道靠近小行星带的内边缘，木星或其他行星的引力会从小行星主带吸引一些小块岩石、金属或冰块，将它们推到火星轨道上。有些小天体会撞向火星，另一些则会因为与火星擦肩而过而完全偏离太阳系，只有少量幸运的小天体可能被火星从主带上偷走捕获。另一种不同的观点是，福波斯和得摩斯都是火星的一部分，由很久以前一颗体形比较大的小行星或彗星撞击火星时喷射出来的碎片重新堆积而成。在第二种情况下，火星可能会有一圈岩石物质，卫星可能是由这些岩石物质形成的。得摩斯慢慢席卷细粒物质可以解释得摩斯光滑的粉状表面。然而，争论还在继续，因为这两个假说都没有能够解释我们所了解的福波斯和得摩斯。

粉尘船竞赛——为得摩斯光滑的粉尘表面设计的超快速单人火箭比赛——是这颗火星最小卫星上为游客准备的一项激动人心的活动。

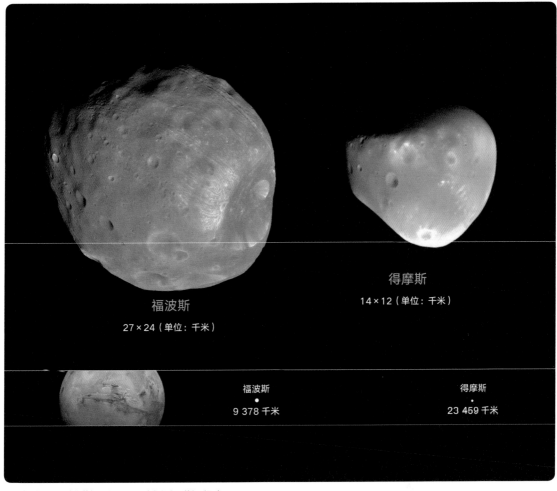

福波斯
27×24（单位：千米）

得摩斯
14×12（单位：千米）

福波斯
9 378 千米

得摩斯
23 459 千米

和福波斯相比，得摩斯的相对大小，以及它们与火星的相对距离。

兴爵士乐的一分子的著名音乐家。这一复兴今天仍在继续，音乐家们不仅在环站电视台录制节目，而且会在低重力爵士音乐会上现场表演。当然，太阳系中一年四季都有各种各样的节日和表演。

粉尘船游览和竞赛 🎿👥

粉尘船游览和竞赛是一种相对较新的方式，把得摩斯的粉尘危害转化为（对公众）相对有趣且安全的娱乐活动。粉尘船从得摩斯松散的粉状土壤上高速掠过，有时也可以在粉尘土壤中穿过，如佛罗里达州的风扇船掠过高沼泽芦苇回到陆地上。这是一个疯狂的冲击，因为你和同行的乘客会高速通过粉尘，随着时不时消失的粉尘，可以瞥见空中一闪一闪的火星。所有的公共旅游路线都已经扫描过岩石或其他障碍物了，但专业赛道有天然的和人为的障碍来检验参赛选手的胆量和反应时间。事实上，最近由于一些颇有争议的撞车事故和死亡事故，有很多人呼吁制订新的安全标准和规定，避免选手受伤。

得摩斯探测历史

- 1877 年：美国天文学家阿萨夫·霍尔（Asaph Hall）发现得摩斯
- 1972 年：水手 9 号探测器从太空拍摄了得摩斯的第一张低分辨率图像
- 1977 年：海盗 1 号火星轨道器拍摄了得摩斯的第一张高分辨率的图像
- 2004 年：勇气号火星探测器在火星表面首次观察到得摩斯凌日景观
- 2009 年：火星快车号轨道飞船和火星侦察者轨道器拍摄了额外的高分辨率图像和测绘图
- 2035 年：得摩斯机器人取样任务首次成功返回
- 2047 年：作为战神 6 号火星任务的一部分，宇航员首次着陆得摩斯
- 2078 年：全球雷达绘图确定了得摩斯松软的土壤的厚度
- 2110 年：得摩斯市作为得摩斯表面的主要太空港而建立
- 2152 年：得摩斯环站建立完成，运行在得摩斯市的上方
- 2160 年：举办得摩斯市爵士音乐节，这是得摩斯环站的主要聚会
- 2218 年：在得摩斯市周围平地上举办首次粉尘船竞赛

到达那里

很少有航班从地球直接飞往得摩斯，因为大多数旅客把更发达的福波斯市太空港作为他们前往火星的中转站。不过，福波斯和得摩斯之间有频繁的往返航班，一般只需要 1~6 个小时，这具体取决于两个卫星之间的相对距离和你预定的航班。如果你的时间安排合适，你甚至可以在得摩斯上进行一日游，在得摩斯参加下午的音乐会，并及时回到福波斯吃晚饭。但我强烈建议你花费长一点的时间在更多的景点上（和听更多的音乐）。

得摩斯旅游攻略

得摩斯也许是内太阳系里最好的艺术家的聚集地，画家、作家、雕塑家，尤其是音乐家都涌向这个人烟稀少的卫星，与福波斯相比，艺术家们在这个不太急躁、工业化程度低、旅游开发少的环境中发挥他们的艺术才华。当地人在星球表面及以上方为接待游客而设计建造了特殊的博物馆和表演场地。

可以在得摩斯租住低重力的二星级或三星级酒店客房和公寓住宅。环站上也有一些五星级度假村和餐厅，这里会举行大部分的音乐和艺术节目，包括得摩斯市爵士音乐节。除了环站上精彩但相对"正常"的地球重力音乐体验之外，还可以在得摩斯参加低重力音乐会。这里的氛围非常不同，音乐家是浮在空中的，还有专门按地球引力而制造的古典乐器（如小型的三角钢琴），以及厚厚的栖息地窗户中的大量深混响，可以造就独特的听觉和视觉体验。乘客可以乘坐频繁往返于得摩斯表面和环站之间的航班来回。

到目前为止，只有几个实业公司出现在得摩斯

火星在得摩斯的上空赫然耸现且几乎一动不动。

上，它们主要是乐器销售和维修、提取和加工建筑材料的细粒土，以及一些当地人使用的原始碳和水的开采等产业。

当地风情

几千名得摩斯永久居民（被称为得摩斯人）有艺术家（或表演者）和服务行业工作人员的双重身份，这些工作人员帮助协调涉及大众的旅游活动。朋友们有时可以通过与当地一些艺术家的晚宴派对邀请，在表演场地获得好座位（大部分当地人都是季票持有者），当地人甚至可以帮忙获取任何景点最后一刻的门票。然而，在环站的爵士音乐节期间，要让当地人放弃自己梦寐以求的晚餐席位还是很不容易的，只能祝你好运了。

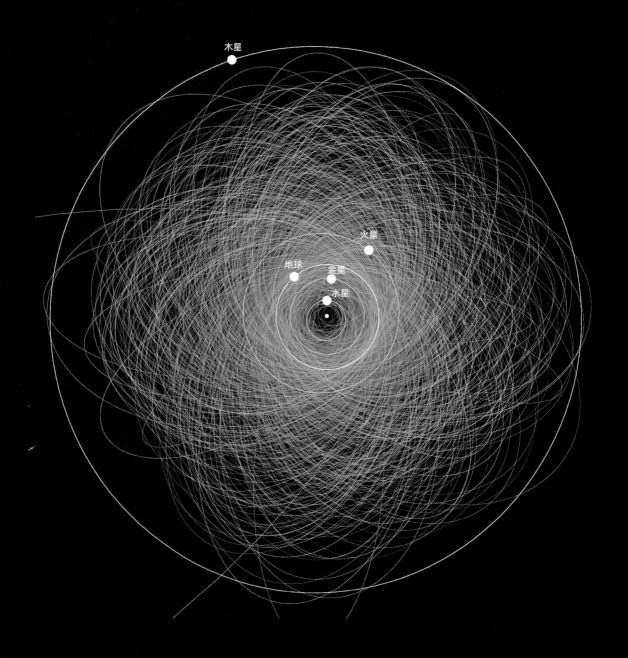

近距离接触近地小行星

我们总倾向于认为太阳系只包含太阳和几个行星以及它们的卫星。却忘记了实际上有成千上万的小天体漫游在太阳系中，它们就是小行星。由于第一颗小行星是在 19 世纪早期发现的，小行星在天文望远镜里仅仅是一个光点，所以小行星英文（asteroid）的字面意思是"类恒星"。20 世纪后期以来，借助空间项目我们可以关注这些小天体并探究它们表面、内部和起源。现在人类已经可以在许多小行星上着陆了。

对页：在水星轨道（内圆）和木星轨道（外圆）之间有一群近地小行星（图中的蓝点）在地球和其他内行星附近运行，它们有时候会撞击地球和其他内行星。

尽管 NEAR 舒梅克号宇宙飞船（The NEAR Shoemaker spacecraft）的设计初衷不是一个着陆器，但它还是早在 2001 年轻轻地落在了爱神星（Eros）表面。一到那里，飞船就开始连续几天传输数据。

近地小行星是一类特别有趣的小行星。它们是一些小岩石天体，尺寸在几百到几千英尺之间，绕太阳运行的轨道有时会使它们靠近地球。有些小行星甚至会穿越地球轨道，这些就是天文学家所谓的潜在危险天体，因为它们最终可能撞击我们的地球家园。最小的近地小行星会产生壮观的火流星（fireball）现象，但是不会对地球造成什么损害；不过，最大的近地小行星撞击可能会改变地球上的生命。不信你问问恐龙……由于近地小行星的潜在威胁，它们成了科学研究的重要目标。它们接近地球，也因此成为现代太阳系度假者的旅游胜地。其中有三个小行星——爱神星（Eros），糸川星（Itokawa）和阿波菲斯星（Apophis）——已经成为深受欢迎的目的地，因为它

们有时会特别接近地球，只要很短的时间就可抵达。一些旅游公司采取"等待和参观"的手段：等待一颗新小行星靠近地球或月球，然后专门安排一趟航班前往小行星进行实地参观。

去前准备

如果你计划参观近地小行星，那么需要准备好应对以下两个问题。

低重力 ⬆⬇

近地小行星是非常小的天体，因此，像福波斯和得摩斯一样，它们的重力非常小。你可以参观的一些超小的小行星是只有足球场那么大的岩石天体，

近地小行星基本概况

星体类型	从地球出发的旅行时间
小型岩石小行星	到特别近的小行星需要几小时到几天，更远一点的需要几周到几个月

✷

离太阳距离	直径
当靠近地球时 1.0 AU，即大约 1.5 亿千米	不规则形状，几十米到几千米不等

✷

离地球距离	精彩之处
最近时比月球离地球的距离还近，有些甚至会撞击地球	帮助标记新发现的近地小行星，以便科学家监视它们的轨道

平均温度（以爱神星为例）

白天最高温度		夜晚最低温度 / 阴影温度	
℉	℃	℉	℃
212	100	− 238	− 150

没有明显的引力。所以不要指望在这些天体上"行走"。遇到它们更像是与空间站对接而不是降落在行星上，所以你需要配备一套好的太空服。如果足够幸运，以前的探险家或导游曾在小行星上安装岩钉，你和其他人就可以在岩石表面爬上爬下而不用担心漂浮到空中。即使你在这种攀岩过程中不会因为坠落而受伤，也一定要在出发之前再三检查你的设备，以免飘向太空而无法及时得到救援。

高自转速度 ⚠

虽然有些近地小行星和大多数卫星以及行星一样，自转缓慢，自转一周需要几小时。但有些近地小行星被称为快速旋转器，因为它们绕其自转轴旋转一周只需要几分钟。游客应该极其谨慎地接近这些天体，因为它们大多是坚固的巨石天体，通常有锋利的边缘甚至有玻璃成分。快速旋转的大块岩石可能会割破你的太空服、伤到你的骨头，或者把你高速抛向太空。请小心跟着导游！

不要错过……

爱神星 📷 📖 ✖

爱神星的发现可以追溯到 1898 年，由于爱神星有时会非常接近地球，所以它在近地行星中知名度颇高，它也是空间项目研究的第一颗小行星。从1999 年到 2001 年，NASA 的近地小行星会合项目

小行星和陨石联系在一起

小行星一直在撞击地球，只是由于大多数小行星都实在太小了，大的只有卵石大小，小的仅有尘埃颗粒大小。大多数小行星会在地球大气层燃烧起来，因此常有璀璨的条痕从空中飞过，我们把它们称作流星。大的小行星中有些碎块会完好无损地落到地球表面上。科学家发现这些碎块后，把它们称作陨石。一般来说，我们不知道这些特殊的陨石来自哪里。它们是在更大的小行星撞击事件中从所谓的母体中击落下来的吗？它们的原初材质是形成太阳系中其他行星和卫星的气体和尘埃云吗？幸运的是我们可以通过比较陨石的实验室研究结果和望远镜、飞船对小行星的研究，来认证部分陨石的材质，这样就可以把近地小行星族的部分成员星直接联系起来。例如爱神星就是由于它的硅酸盐成分而被归类为 S 型星，这似乎是最常见的一种普通球粒状陨石母体。我们收集的一些陨石来自主带小行星灶神星，其他的则来自月球和火星。

（Near-Earth Asteroid Rendezvous，NEAR）探测器飞向爱神星，绕其飞行，最终着陆在爱神星上。NEAR 舒梅克号飞船现在还留在爱神星上，因此爱神星是最受欢迎的近地小行星旅游地之一。这个飞船及着陆点是指定的星际历史地标，所以如果你想到爱神星上旅游，你必须明确规划好旅游路线，才能盘旋在着陆点上方。飞船留在爱神星表面几百年后，它那完好无损的外壳以及其太阳能电池板发出的光辉令摄影师和空间历史学家折服。

向导也会带你领略椭圆形的、面积大约为曼哈顿两倍的小行星表面，带你近距离欣赏那些年行星地质学家绘制的小行星环形山、山脉和充满尘埃的洼地。计划是这样的，至少在爱神星 1 号空间站停留几天后，旋转的空间站会绕着爱神星飞行，空间站会给这个小星体的旅游观光者提供带地心引力的食宿和娱乐。也许因为爱神星以希腊爱神命名，情侣尤其喜欢到爱神星上度蜜月，爱神星 1 号空间站会给情侣提供丰富的浪漫晚餐、舞蹈表演，甚至零重力 spa。

阿波菲斯星 📖 👥

阿波菲斯星是另一颗著名的近地小行星，它以埃及毁灭之神命名，因为它是一颗几乎可以确定将来会撞击地球的最大天体。2004 年发现阿波菲斯星时，一些天文学家认为它极有可能在 2029 年或 2039 年撞击地球，这在当时引起了短期的小恐慌。虽然阿波菲斯星确实偶尔会非常接近地球，但是进一步观测表明事实并非如此。它是一个岩石天

爱神星，第一颗被发现的近地小行星。它有 34 千米长，大约是日内瓦湖的大小。

左图：535 米长的近地小行星糸川星，2010 年日本的隼鸟号空间探测器从糸川星取回了样本，研究表明糸川星的表面由松弛的碎石构成，很好开采。

右图：放大的糸川星图片上最大的岩石有 2 米长。

体，有三个半足球场的大小，环绕运行速度超过 108 000 千米 / 小时，所以它的撞击威力巨大。幸运的是，自天文学家研究它以来就把它排除在接下来几百年内撞击地球的各种可能之外。通过在阿波菲斯星表面放置无线电发射设备或者"尾随"它，我们可以精确跟踪它的轨道。这些尾随装置每十年要更换一次或两次，因此生态旅游者有机会和科学工作者一起探险。虽然旅行机会极少，花销巨大，食宿条件也很差，但阿波菲斯星是值得投入研究的小行星，可以研究它的撞击灾害、行星科学。所以考虑继续"尾随"它吧！

糸川星 📷 ⛰️

虽然糸川星只是一颗非常小的近地小行星，但它在两百多年前（2010 年），就因成为第一颗被采集样本（且样本被带回地球）的小行星而闻名于世。日本隼鸟号无人飞船从这颗五个足球场长的天体表面带回了少量尘埃，从中我们可以详细得知这颗岩石小行星的化学组成和矿物学特征。隼鸟号也发现糸川星是一类叫作碎石堆的特殊小行星，也就是说，它不是一整块岩石，而是通过引力把成千上万的大卵石、岩石和沙粒束缚在一起的。由于这样的结构以及比邻地球的特殊位置，在 23 世纪，糸川星将成为岩石材料建筑的主要供给站，特别是给地球外的星球提供建筑混凝土所需的材料。游客

能搭乘从月球基地和其他地方出发往返糸川星的运送货物和设备的运输机的机会非常有限。如果你到类似糸川星的小天体参观，可以了解那里的地质情况，还有机会近距离看到小行星开采装备的最新技术。

到达那里

从早期空间时代开始，我们就已经知道，与一些近地小行星会合比着陆月球更容易。这是因为现在几百个小行星中有一些著名的小行星会非常近地掠过地月系统，所以当小行星呼啸而过时，从地球（或月球）及时发射飞船可以在几天内与这些小星体相遇。2045 年，人类利用这种便利第一次登上一颗特殊的容易到达的近地小行星 2006RH120。最近一个项目又对另一颗近距离呼啸而过的小行星——著名的富金属卵石小行星 2008 UA202——使用了这项技术，这些材料被一些大胆的金属市场投机商带回到地球上。

各种旅游公司常年提供到类似爱神星和糸川星等小星体上远行。由于小行星和地球的相对距离不同，旅行可能会花上几周到几个月不等的时间。

近地小行星旅游攻略

不同于太阳系其他目的地，就现在参观近地小行星来说，"走出去参观"的选择还是很少，主要是因为近地小行星的引力很小，人们不能在其表面正常行走。不过，如果你经过一些训练之后，敢于拴着绳在低重力下蹒跚"攀爬"，还是有很多"走出去"的选择的，到这些小天体表面上或者更确切地说跟随它们一起运行。你的食宿选择依然很有限，因为爱神星 1 号空间站是最接近类月或类火星基地或空间站旅馆了。对于其他小行星来说，你有可能只能在航班上食宿和娱乐，因此，你要做出明智的选择，

机器人小行星尾随探测器（基于 21 世纪早期 OSIRIS-Rex 探测器构造）在有潜在危险的近地小行星阿波菲斯星上放置了一个无线电广播发射机，这个装置在宇航任务中已经被淘汰，代替它的是更稳定、更耐用的无线电标签。

近地小行星探测历史

- 1801 年：在火星和木星间的主小行星带发现了第一颗小行星（谷神星）
- 1898 年：发现第一颗近地小行星爱神星
- 1908 年：由近地小行星或彗星引起的大气层爆炸使在西伯利亚通古斯附近的森林被毁坏
- 1968 年：地基雷达探测到第一颗近地小行星
- 1999 年—2001 年：NEAR 舒梅克号任务起航、绕轨运行，最终在爱神星上着陆
- 2000 年：已知的近地小行星数超过 1 000 颗
- 2010 年：日本隼鸟号任务首次从糸川星带回了小行星土壤的样本
- 2013 年：已知的近地小行星数超过 10 000 颗
- 2021 年：第一次由私人集资的飞船开始勘探小行星（寻找水和金属）
- 2023 年：NASA 的 OSIRIS-Rex 任务 2016 年登陆贝努星（Bennu）——碳质近地小行星——带回了小行星样本

- 2030 年：已知的近地小行星数超过 1 000 000 颗
- 2045 年：第一颗载人飞船登陆小行星（2006 RH120）
- 2065 年：所有有潜在危险的小行星及其轨道都已知晓
- 2071 年：宇航员登陆糸川星进行低重力钻孔和开采技术
- 2085 年：宇航员登陆阿波菲斯星建立永久跟随空间站
- 2104 年：第一支旅游探险队登陆爱神星
- 2160 年：在贝努星上建立第一个水提取工厂
- 2198 年：爱神星 1 号空间站和基地在爱神星附近开始运行
- 2218 年：第一颗含金属的、直径为 5 米的小行星（2008 UA202）被捕获并带回地球

特别是在已报了名来回长途旅行的情况下。

当地风情

爱神星 1 号的机组人员和员工（他们自称为爱神星人）是迄今为止唯一的近地小行星族"居民"，当地已经有了一系列风俗和传统，其中一些会传播到未来的近地小行星基地和空间站。这些风俗和传统包括用从贝努星抽取来的水烹饪，贝努星是 21 世纪发现的相对邻近的小行星，它含有岩石和有一定水分的富碳物质。现在用机器人采矿技术从贝努星土壤里提取水分，贝努星矿业股份有限公司（Bennu Mines Inc.）再把这些水运往太阳系各个角落。一些爱神星人甚至用贝努星水和水耕法生长配料来制作"本汁本源"的巧克力给新婚夫妇，令他们有个难忘的空间站之旅。

SUN
Come see Sol - the Center of the UNIVERSE!
Twenty Four Hour Tanning Salons!
GUARANTEED NOT TO EXPLODE
FOR ANOTHER 4,999,999,723.2 YEARS!

晒晒太阳！

　　如果冬季让人抑郁沮丧，那么让你振作起来的最好方法不就是跑出去晒晒太阳吗？现在，由太阳系旅行公司（Solar System Tours Inc.）提供的独一无二的机会，你真的可以离开市区，去太阳上享受"日光浴"。太阳系旅行公司现在能预售奢华航班的三周太阳旅游，它比以前你乘坐的任何航班都接近太阳表面。如果你足够幸运，乘坐的飞船甚至会穿过壮观的比地球大十几倍的磁环或日珥。这是多么壮美的景象啊。

　　太阳是一颗典型的恒星：太阳核心是能把四个氢原子核聚变成一个氦原子核的巨大核反应器，每个新的氦原子核形成过程中都释放出能量。这些能量以光和热的形式达到太阳的可见表面（光球层），这些光和热决定了太阳的表面条件以及我们太阳系中行星的气候条件，这也是地球的生命之源。

对页：太阳，来看太阳神——宇宙的中心！24 小时日光浴沙龙！保证在接下来的 4999999723.2 年里不会爆炸。别忘了把到太阳一游作为你太阳系旅行计划的一部分！（太阳：Indelible Ink Workshop 绘制）

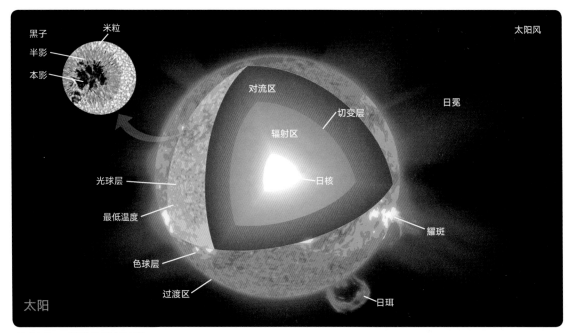

黑子　　半影　　本影　　米粒　　对流区　　切变层　　辐射区　　日核　　光球层　　最低温度　　色球层　　过渡区　　日珥　　耀斑　　日冕　　太阳风

太阳

我们的恒星——太阳的不同特征和区域。

由于太阳光球层的温度极高，空间探测器一直到现在都还不能接近它。太阳高层大气或日冕（日全食时看到的壮观的径向结构）的温度更是比这高出许多。不过，得益于太空航行材料、热控系统和辐射屏蔽的最新进展，我们可以到这些地方进行短期旅游。研究太阳的天文学家利用这些新科技在载机器人任务和载人任务中空前精细地探测了这颗恒星。现在，喜欢冒险的游客也一样能利用这些新科技了！

去前准备

如果你计划接近太阳表面进行一次冒险旅游，你要做好准备迎接以下挑战。

高温 🌡️

太阳表面的温度显然非常高。因此你所乘坐的太空航班穿过日冕到达光球层时，外层船体的温度也会非常高。虽然科学家已经设计出保护乘客和飞船内部系统的技术，但是有时也会出错，而备份系统只能提供如下帮助：主要热控系统出现异常时，驾驶员启用备份系统，加速飞船尽快远离太阳。飞船内部依然会升温让你感到不适，而现代热控备份系统在靠近太阳时一般只能把环境温度降到大约50℃。改良后的太空飞船确实给驾驶员和乘客准备了特别的"冰窖"，但是它只能维持1小时左右时间，所以你必须快速远离太阳的最热区域。这在安全演练时要特别注意！

不要错过……

人造日食 📷

在地球上，虽然看到天然日全食的机会不多，但通常可以简单利用太空中的卫星和飞行器遮掩太阳（挡住太阳光）来"制造"日食。这样的"遮星"掩食器——天文学家称之为日冕仪——在地球上效

太阳基本概况

星体类型	直径
恒星	大约 140 万千米，其体积大约是 100 万个地球大小
✳	✳
离地球距离	精彩之处
平均为 1.0 AU，即大约 1.5 亿千米	太阳作为一颗典型恒星（银河系 1 万亿恒星中的一颗）给地球提供生命所需的光和热
✳	
从地球到太阳所需时间	
新技术航天飞机一般需要一周到一周半的时间	

平均温度		
	太阳区域	
	℉	℃
可见表面（"光球"）	10 300	5 700
薄外层大气（"日冕"）	5 400 000	3 000 000
太阳核心	27 000 000	15 000 000

警　告

　　研究动态的太阳每分每秒的变化到每年的变化的领域叫空间气象，因为这些变化会影响太阳发射出的高能粒子流和磁场，进而影响地球和其他行星。（例如，北极光就是空间气象的一种显示方式。）当你到达太阳时，"气象"变化是不可预测的，你要有所准备，驾驶员会对太阳局部温度的突然变化以及太阳黑子、耀斑或日珥的辐射做出迅速反应。这些反应意味着会产生高引力加速、热控或辐射屏蔽系统配置的突然变化，或者需要把你移到"冰窖"中避难。基于以上原因，前往太阳的旅行是一场冒险，非常刺激！

日全食

日全食——月球暂时遮住太阳——是可以体验到的最罕见的天象之一。通常来说，地球表面任何地方约每300年才能体验到一次日全食，因此大多数人一辈子都没见过日全食。当月球运动到遮挡住太阳的位置时，在珍贵的短短几分钟内可以看到和研究非常微弱的日冕——太阳的外层大气，这是因为太阳光球发射的大多数强光被挡住了。事实上，氦元素就是在1868年日全食期间发现的。

所谓的"日食追逐者"——追寻日食时的刺激和独特的光影的旅客以及研究日食时太阳大气和磁场的科学家——早在很多年前就知道月影穿越地球表面的路线。从18世纪开始，许多天文学家和天文爱好者就能准确推算出现日食的时间和地点。

2008年8月1日日全食期间在中亚拍摄到的日冕壮观的精细结构（太阳的外层大气）。

太阳表面的巨大的冕环。有谁想要潜入环中吗?

果不是很好(虽然挡住了,但仍然会有很多空气中的散射光影响)。但是 20 世纪 70 年代以来,它们被有效用于空间天气卫星。在太空航班上安装日冕仪也相对简单,游客在穿越整个太阳系的太空旅游的头几天,就能通过这种方式享受太阳大气层美丽而微妙的精细结构。当你旅行到太阳附近时,要用特别大尺寸的掩食盘和特殊的滤光片才能看到太阳表面及以上大气层的精细结构。一定要好好利用这次机会看一看你前所未见的太阳。

潜入冕环 📷🧗

巨大的磁场从太阳表面浮现并把高能粒子——太阳风——传播到太阳系空间,这些磁力线如同条形磁铁的磁力线一样是看不见的。由于太阳绕其轴在自转,这些磁力线会扭曲纠缠。有时它们受力断开,例如日珥的断头——更接近太阳端的磁场高密部分——会再次形成环、把它们和表面重新连接起来。这些所谓的冕环非常大,通常比地球大许多倍,几个世纪以来这些冕环被用来研究太阳磁场的精细结构。当有冕环时,旅客有机会体验全新的刺激,但这也会给旅客带来危险。如果机长认为时机比较好、周围环境也安全,并且征得乘客同意,他们会驾驶飞船穿过这些冕环。这是很冒险的,迄今为止,这样高速潜入太阳表面仅尝试(成功)了几次。这种冒险对飞船及其系统的要求很高,但是这种潜入冕环,被太阳的高能辉光包围、最后挣脱太阳巨大的引力逃离的过程会非常刺激,看到的景观会非常美丽,必将让你终生难忘。

太阳探测历史

公元前 2100 年：中国天文学家观测和记录了黑子

1543 年：哥白尼重新提及太阳是太阳系的中心的这一概念，并且把这个概念永久地固定下来

1639 年：根据天文学家约翰尼斯·开普勒的预测，首次观测到金星凌日

1859 年：第一次有了太阳耀斑的观测记录

1868 年：日全食时天文学家在日冕光谱中发现氦元素

1910 年：天文学家发现太阳是一颗恒星，我们的银河系中有数以万计的类似恒星

1939 年：物理学家发现太阳的能量来自氢热核聚变合成氦的过程

1994 年至 1995 年：尤利西斯号探测器取得太阳南北极的数据

1995 年：SOHO 卫星开始持续对太阳进行空间成像和监测

2004 年：起源号太空飞船首次把太阳风样本带回地球

2012 年：旅行者 1 号成为首个离开太阳磁场的空间探测器

2060 年：几个国际空间探测器取得太阳低层大气的样本

2150 年：太阳神 1 号上的宇航员在获取耀斑样本时牺牲

2160 年：太阳神 5 号的宇航员成功取得太阳光球的样本

2210 年：热控和辐射控技术在近太阳航班上实现

2218 年：太阳系旅行公司开始给旅客提供飞向太阳的航班

到达那里

目前只有太阳系旅行公司（Solar System Tours Inc.）能提供接近太阳表面的旅行，所以机会非常有限，费用相当昂贵（虽然有流言称有竞争公司即将上线）。虽然这些旅行是危险的（特别是潜入冕环），但伊卡洛斯航班（Icaruss spaceliner）上的食宿是五星级的，它会给乘客提供最为舒适的太阳系旅行。根据旅程路线和太阳活动程度，每次旅行的时长约三四周。在整个旅程中你可以参加太阳天文学家的讲座，通过由宇航员操控特殊设计的望远镜和人造日食的日冕仪看到太阳表面和太阳大气中惊人的精细结构。

太阳旅游攻略

迄今为止，因为只有一个旅游提供商，所以选择有限。这也许是整个太空旅游行业在等待观望是否有足够多的游客量，以此来判断是否需要投入更多的太空航班到太阳旅游业上；另外也在等待检验是否太阳系旅游能保持无安全事故的记录，毕竟公司是在高危环境中运行的。（别忘了 2150 年太阳神 1 号的悲剧。）

不过，拥有奢华食宿条件的伊卡洛斯航班让你拥有优质的就餐、运动、观看演出和参加讲座等体验，你甚至可以在浴场享受太阳供能的热石按摩或进行热瑜伽运动。

当地风情

正如你所想象的那样，近太阳旅行和"牛仔"文化多少有些关系。伊卡洛斯航班的许多飞行员和机组人员以前是在太空军队里做程序检验工作的，有些是水星竞速赛事的选手。了解他们，享受他们高速和高温冒险中激动人心的故事（可能有夸张），最重要的是，在整个旅途中，你一定要仔细聆听和观察，确保自己的安全。

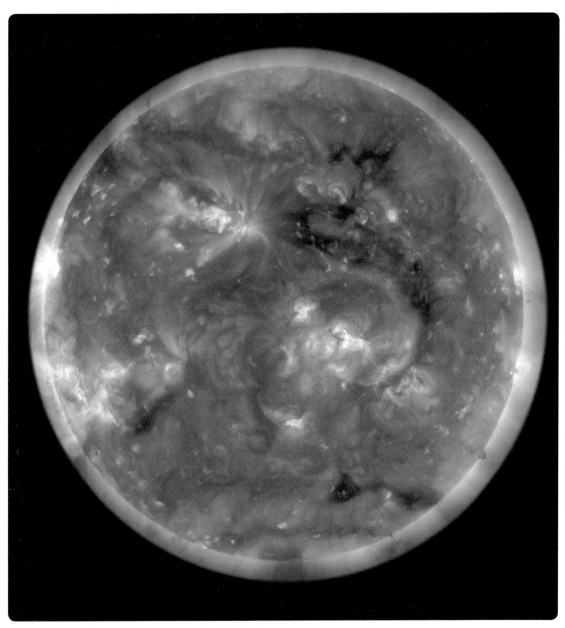

通过航班上特殊的望远镜和滤光片，你可以看到从太阳上发射出的稳定的高能粒子流。

CERES

QUEEN OF THE ASTEROID BELT

GATEWAY TO THE OUTER SOLAR SYSTEM

LAST CHANCE FOR WATER UNTIL JUPITER

主小行星带之旅

你在寻找近地小行星之外的冒险吗？把目光放在火星和木星之间绕太阳运行的三千多万颗（2218年数据）已知小行星上吧。它们以主小行星带而著称，可简写为"主带"。这个巨大的、圆环状的盘包含成千上万个小天体，它们主要由岩石、金属、冰以及这些成分的混合物组成。一般说来，主带的岩石天体和富金属天体更靠近火星一侧，而冰晶天体更靠近木星，这表明太阳系的温度由内太阳系的暖和气候过渡到外太阳系寒冷气候而降低。主带确实被称作"通向外太阳系之门"，在大的主带小行星上建立的主基地通常被用作旅行者去往木星及以外星体的路标，也是去更远的目的地途中的主要供给站。

对页：谷神星，小行星带女王，通往外太阳系之门。欢迎大家来到最大的小行星上。

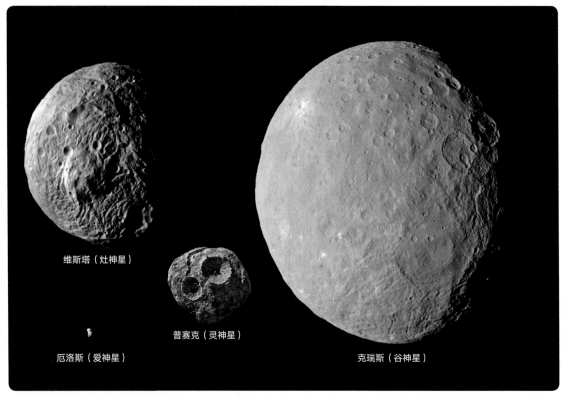

三个永久在主小行星带的小行星和最大的近地小行星之一的爱神星尺寸对比。就尺寸来说，灶神星的直径大约为 525 千米。

虽然主小行星带里有成千上万的小行星，但是它们的总质量仅为月球质量的 4%。冰晶型的谷神星（Ceres）占据了主小行星带三分之一的质量（谷神星是 1801 年被发现的第一颗小行星，是所有小行星中最大的）。谷神星加上三颗最大的小行星［灶神星（Vesta）、智神星（Pallas）和健神星（Hygiea）］占据了主小行星带一半以上的质量。最大的金属小行星是灵神星（Psyche），它的直径约为 250 千米。只有约 60 颗小行星的直径超过 160 千米。因此，和近地小行星一样，主带小行星是引力很弱的小天体。小行星都没有永久的大气层，不过有一小部分小行星会像彗星一样，可以"释放"少量水蒸气和其他气体形成稀薄而短暂的大气层。

到目前为止，在主带上只有少量居住基地，并且只有谷神星、灶神星和灵神星上的几个基地能给游客提供食宿（其他基地只能给采矿和货物运输工厂的工人居住）。因此，虽然一些航班确实能提供飞往主带小行星的业务，但可供选择的航班极为有限。如果你计划到主带小行星上旅行，你需要做好准备应对以下问题。

低重力

如同近地小行星和火星的卫星，主带小行星也是重力很小的小天体。所以你需要准备在表面低重力远足，也包括在基地低重力远足。这就意味着需要花时间在地球上进行适当的低重力训练，才能在小行星上四处溜达。

主小行星带基本概况

星体类型	从地球出发的旅行时间

星体类型
小的岩石型、金属型或冰晶型的小行星

＊

离太阳的距离
大多数主带小行星位于火星和木星轨道之间，离太阳约 2.2~3.5 AU，即 3.15 亿 ~5.25 亿千米

＊

离地球距离
离地球距离范围为 1.65 亿 ~3.75 亿千米

从地球出发的旅行时间
根据距离不同，大约需要 3 周到 1 年的时间（如果选择乘坐低速航班，可以考虑从火星或其卫星上出发）

＊

直径
最大的小行星（谷神星）的直径为 960 千米；只有大约 60 颗小行星直径大于 160 千米；绝大多数小行星的直径为 100 米左右

精彩之处
一些小行星是岩石的，一些小行星是金属的，一些小行星是冰晶的，它们能为太阳系构造、生命维持和勘探所需提供资源。

平均温度（以灶神星作为一个典型例子）

白天最高温度（高）		夜晚最低温度（低 / 阴影）	
℉	℃	℉	℃
27	− 3	− 306	− 188

不要错过······

灶神星 🌐 ⛰

灶神星是游览主带的第一站。灶神星的平均直径为 525 千米，是内主带中最大的小行星（见第 85 页方框），是整个小行星带中第二大的小行星。然而，21 世纪早期的卫星任务发现灶神星不仅仅是一颗典型的原始小行星，还是一颗成熟的行星，尽管体积不够大，但它像行星一样可以分为核心、地幔和地壳。在太阳系历史早期（40 多亿年以前），

其表面上发生了活跃的火山爆发。因此，灶神星的表面覆盖着含铁的矿物质，这类似于地球和其他行星上的火山喷出的矿物质，使其成为铁和其他可提取的岩石建筑材料的重要来源。一些最简单的采矿工作是在称为雷亚希尔维亚盆地（Rheasilvia）的大型南半球撞击坑中进行的。在那里灶神星的部分地壳似乎已经从撞击中被剥离出去，暴露出地幔和地壳物质的混合物。

在灶神星上采矿始于 22 世纪初，这是向谷神

灶神星市

上图：灶神星南半球的特写。灶神星市位于巨大的雷亚希尔维亚盆地边缘。

下图：从上往下俯视太阳系，所有当前已知的小行星的图。水星（内圆）到木星（外圆）的轨道被标记出来了，主带小行星是火星和木星轨道之间的绿色圆点。

星和其他冰晶型的外太阳系前哨提供铁和岩石材料的一种方式。到了 22 世纪中期，在矿山工作的永久居民决定将灶神星市纳入独立管理的前哨基地。令人高兴的是，他们很快就决定开发当地旅游业。太阳系旅客的好奇和冒险使灶神星本地居民获得了更多工作机会和额外收入。这里的住宿并不豪华，但你会感受到热情的款待，在这里不仅有机会参观小行星周围的矿山和其他几个有趣的地点，并且可以和数百位好客的当地居民一起用餐。

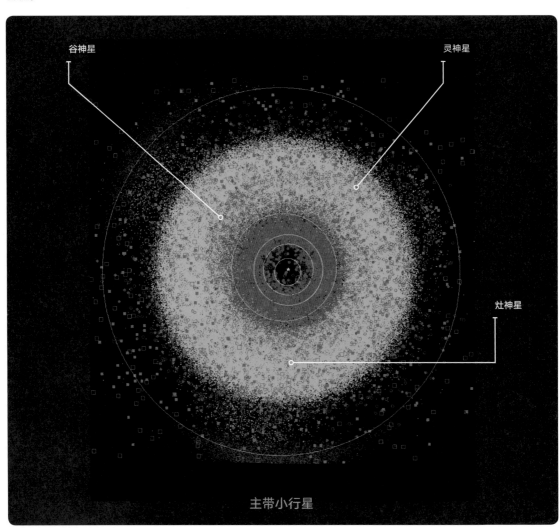

谷神星

灵神星

灶神星

主带小行星

为什么会有内主带、中间主带和外主带？

充满主带的小行星似乎均匀地散布在火星和木星之间。然而在 1857 年，美国数学家丹尼尔·柯克伍德（Daniel Kirkwood）发现主带中有明显的"空隙"，这里几乎没有小行星，这些"空隙"就叫"柯克伍德空隙"。柯克伍德观察到主带中几乎没有小行星的地方的天体绕太阳运行次数，可以简单地表示为木星运行的整数倍。例如，在 2.25 个天文单位附近就没有发现小行星，如果这里有小行星，那么木星每运行一周，小行星恰好绕太阳运行三周（称为 3:1 平均运行共振）。木星和这些地方的小行星之间的反复接近会在小行星上产生附加引力，这将使它们偏离此区域，甚至最终会完全逃离主带。柯克伍德空隙将主带分为：内带（约 2 至 2.5 AU），中间带（约 2.5 至 2.8 AU）和外带（约 2.8 至 3.5 AU）。如果你要造访灶神星、谷神星和灵神星，就会依次穿过这些区域。

谷神星 🚹⛰🎴📷

21 世纪初的机器人太空探测器发现，最大的主带小行星谷神星是一颗冰冷的中间带原行星，充满咸水矿藏，正如任奥卡托陨石坑（Occator crater）亮点检测到的结果一样。鉴于主带上冰晶小行星相对较少，人们开始考虑火星之外的天体，而谷神星很快成为商业冰勘探和采矿公司的焦点，他们认为将谷神星作为冰、盐和其他材料的主要供应点，输出到内太阳系、主带和外太阳系的目的地上，也许会带来巨大财富。21 世纪中期到谷神星上的人类太空探测任务证实了谷神星上有丰富的高质量资源，到 21 世纪末，数千名勘探者和其他定居者联合建立了谷神星站，这是首个在主带上建立的联合基地和太空站。人们把基地建在奥卡托陨石坑的边缘，因为这里可以轻松获得大量明亮的冰块和各种矿物盐。当地的采矿业始于 22 世纪初。

22 世纪初以来，谷神星站就一直是一个相当混乱的矿业城。但随着灶神星市渐渐成为一个热门的旅游目的地，谷神星的领导人认为他们也可以从喜

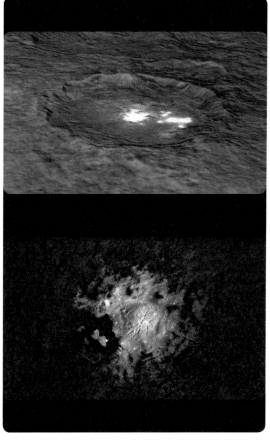

100 千米宽的奥卡托陨石坑的区域图（上图）和放大图（下图），奥卡托陨石坑是谷神星站的所在地，谷神星站是主带上第一个建立的永久基地。

灵神星站附近赫然耸现的壮观的灵神星金属塔尖（沿着中心下方的小陨石坑边缘）。

欢冒险的游客身上获利。此外，他们在此经营了将近70年，与灶神星相比，这里更能体会到"狂野西部"的魅力，但其住宿条件、餐饮选择以及短途旅行与灶神所能提供的差不多。特别令人心旷神怡的是在奥卡托岩盐矿上的旅游，游客们在这里穿过一个迷宫般的天然与人造相结合的地下溶洞。部分洞穴保持着它们原有的模样，游客能够在这些壮观的结晶洞穴结构中小心翼翼跳来跳去（这里的引力只有地球引力的3%）。现在旅游公司正在计划将奥卡托岩盐矿加入行星际公园系统中，希望能够永久保留它们。

灵神星 📷 ⛰️

20世纪后期地球上的无线电观测证实了主带外层小行星灵神星是太阳系中最大的金属型小行星。接着，21世纪的机器人轨道卫星和取样任务确认了谷神星的成分，揭开了这个直径250千米的小行星上各种独特和奇异的地貌。像灶神星和谷神星一样，灵神星也好像是一颗原行星（在成为一颗更大的行星的过程中分离成核心、地幔和地壳的小行星），但它在太阳系最初形成之时遭遇了一次或多次与其他小行星的灾难性碰撞，剥离了它的地壳和地幔，只剩下灵神星金属内核暴露在太空中。因此，灵神星是一个以铁和镍为主的金属星球，同时也蕴藏着其他稀有金属。21世纪中叶的探矿者和采矿投机商痴迷于这些矿藏。

到 22 世纪中期，灵神星上的企业家和早期定居者开始广泛宣传，使灵神星在短短几十年内就有了足够多的移民在那里生活和工作（并赚大钱）。人们建立永久基地——灵神星站——作为日益增长的金属开采和出口行业的太空站和协调中心。尽管灵神星矿市场很快就萧条了，但当地人最近决定将新赌注放在灵神星的高端旅游上。这看起来正在得到收益，豪华的住宿、餐饮、新颖的娱乐和短途旅行选项吸引着来自太阳系各处的游客前往这个新的主带外层热门景点（见下面的"当地风情"）。

到达那里

主带位于内外太阳系的交叉处。由于前往这些前哨的旅途遥远，因此旅行时间显著增加，飞往那里的航班频率明显低于内太阳系的旅游点。

如果你选择地球和灶神星在轨道最近的时候出发，那么最快的航班可以在三周内从地球到达内部主带（例如灶神星市）。由于距离比较远，加之航班稀少，所以其价格通常是典型的高速火星旅行价格的五到十倍。虽然现在已有飞往灵神星的特殊旅游计划，但飞行到主带中间或外部目的地的常规的高速航班服务还没有开通，据说有几家公司已经开始前往谷神星，甚至十年内可能有从火星到主带上所有主要目的地的高速航班。

传统（较慢）动力的航天飞机飞往主带目的地更为常见，虽然它们的飞行频率也低于往内太阳系的飞行频率。从地球到主带的旅游地根据距离的远近可以把旅行时间安排成 6 个月、9 个月或 12 个月一次。如果你计划在长假期间参观主带，请考虑从火星出发，这样距离会减少一半。几家公司还提供各种小型主带小行星的特殊旅行，这些地方的采矿公司热情好客。

主带小行星旅游攻略

正如你所预料的那样，鉴于目前在主带建立的永久性定居点数量相对较少，住宿、活动和娱乐选择相对于大多数内太阳系目的地而言非常有限。事实上，直到最近主带和灵神星上才有了豪华的五星级住宿，在贵金属市场崩溃后，当地居民正努力吸引游客到主带上旅游。灵神星上的双子星 Id 和 Ego 度假圣地（其中一个以成人为主题，另一个以家庭为主题）刚刚开放灌水专区和餐厅评论。在此之前，旅游住宿仅限于谷神星和灶神星上的酒店（三星级）和餐饮场所，或者飞往其他小行星航班上的一般房间。

这三颗永久性的大主带小行星都提供徒步旅行，旅客可以观赏这些小星体的地质奇观，还可以欣赏室内和地下矿藏设施，谷神星上的制冰厂是最广阔、最令人敬畏的（例如，它上面有大量的洞穴网，里面有令人震惊的大结晶钟乳石和石笋）。在灶神星上的传统岩石和铁加工厂，可以看到有趣的低重力矿藏开采技术，对矿业历史感兴趣的人还可以去参观灵神星上现已废弃的贵金属采矿站。

当地风情

21 世纪 20 年代，人们发现灵神星表面富含铁、镍、铂、钯、铀和其他稀有贵重金属，表明灵神星上有大量矿藏，这使其迅速成为投机商和矿工的目标，但直到 22 世纪晚期才募集到足够多的资金，并说服足够多的定居者搬到灵神星上从事采矿作业。三十多年来，"灵神星人"（当地人的自称）要开采

主带小行星探测历史

1801 年：意大利巴勒莫天文台（Palermo Observatory）发现谷神星（第一颗被发现的小行星）

1807 年：在德国不莱梅发现灶神星（第四颗被发现的小行星）

1852 年：在意大利那不勒斯发现灵神星（第16 颗被发现的小行星）

1868 年：天文学家发现第 100 颗小行星

1923 年：天文学家发现第 1 000 颗小行星

1951 年：天文学家发现第 10 000 颗小行星

1982 年：天文学家发现第 100 000 颗小行星

1991 年：宇宙飞船第一次飞越小行星：伽利略号宇宙飞船研究了小行星 951 Gaspra

2011 年—2012 年：黎明号飞船首次绕主带小行星（灶神星）飞行

2014 年—2017 年：黎明号飞船从轨道上研究最大的小行星谷神星

2026 年：灵神星号飞船从轨道上研究最大的金属小行星灵神星

2028 年：天文学家发现第 1 000 000 颗小行星

2045 年：机器人首次带回主带小行星样本（灵神星 2 号的任务）

2056 年：对主带小行星的首次载人飞行任务（谷神星 1 号轨道器和着陆器）

2080 年：天文学家发现第 10 000 000 颗小行星

2099 年：第一个永久的主带基地谷神星站建立在奥卡托陨石坑边上

2112 年：在谷神星上开始开采冰和盐

2146 年：灶神星市在雷亚希尔维亚撞击坑建立，成为第一个主带岩石／铁矿开采殖民地

2150 年：第一批游客到谷神星和灶神星上旅游观光

2180 年：建立灵神星站——第一个主带贵金属矿区

2218 年：在贵金属市场崩盘后，灵神星站成为旅游和研究的前哨

到大量极其稀有的金属很容易，他们将这些金属运到地球、月球和火星。大约 500 名永久居民组成的灵神星金属集团（Psyche Metals Collective）成为太阳系中最富有和最古怪的人，他们在灵神星上建造了壮观的私人住宅，这被认为是太阳系中最拉风的低重力豪宅和庄园。

然而，近十年来，地球、月球和火星上的公司从小型近地小行星中获得贵金属的成本远低于从灵神星上获取，因此灵神星上的贵金属经济基本崩溃。灵神星人不可避免地开始利用他们巨大的财富在灵神星上开发旅游项目，将几个庄园改装为适合高端旅游市场的度假村和水疗中心。这些改造是否成功？能否吸引游客？让我们拭目以待，时间能证明一切。

在飞往小行星的途中，你可以看到许多铁矿营地，还可以在灶神星上欣赏壮观的日出。

EXPERIENCE THE MIGHTY AURORAS OF
JUPITER

探索木星和大红斑

　　木星被称为行星之王，但即使拥有这个宏伟的称号，在你看到这些数字时也会觉得这还不足以形容木星之大：木星比太阳系中其他所有行星、卫星、小行星和彗星的总体积还大 2.5 倍以上。23 个地球连起来的长度跟大木星的直径相当，这个巨大的星球可以容纳 1 000 多个地球。事实上，木星非常大，大到几乎成了我们太阳系的第二颗恒星。和太阳一样，木星诞生时含有约 75% 的氢和 25% 的氦，但它的质量只有太阳质量的 0.1%，其内部的温度和压力不足以引发核聚变。所以，木星只是行星，而不是恒星。

对页：体验木星的绚烂极光。

行星之王木星的全景图。大红斑（中心右下方）的大小几乎是地球直径的 3 倍。

木星北极复杂的极光结构的紫外线视图。

在我们的太阳系中，木星是最大的气体巨行星（一个主要由氢和氦构成的行星，没有固态表面）。其可见的"表面"根本不是一个固态的表面，而是由一些特殊的分子化合物（如甲烷，乙烷，氢硫化铵和磷化氢等）彩色的湍流云层和气体组成的。来自木星内部高温的强风将云层分为各种带状区域，沿着这些区域边界的湍流会形成巨大的飓风风暴系统。其中最大的一个是大红斑（Great Red Spot），它是一个巨大的旋涡状的高压系统，最大时约为地球的 3 倍，最小时与地球一样大。天文学家最早用天文望远镜在 1665 年就首次注意到了大红斑的存在，说明至少从那时起它就一直在木星南半球肆虐。

因此，虽然你不能在木星上行走，但你可以报名参加飞跃那些壮丽的、如油画般的云彩和风暴，在这个星球夜晚的北极光之间漫游，美丽的景色一定会给你留下深刻的印象。回到地球上时候，你会梦到这里有梦幻般云彩的日子。

去前准备

虽然木星看上去很漂亮，但其环境对人类游客来说极其恶劣。在这个行星之王上，你、你的同伴以及机组人员将面临的挑战包括危险的辐射、高重力、粉碎性的大气压和强风。当你开始计划旅行时，你需要做好准备应对以下问题。

极端辐射 ☢

木星快速旋转的金属核在太阳系中产生了最强的磁场（除太阳之外），磁场会引发大量的高能辐射，对生物以及电子设备都非常危险。幸好辐射屏蔽技术的进步使得在非常靠近太阳的地方旅行变为可能，相同的技术也能用在非常接近木星处的旅行上。所以靠近木星时你会受到保护，但是在最强烈的辐射时期，你可能需要在每个木星航班内部特制的水密安全舱内躲避几个小时。还是那句话，平时多参加安全演练！

木星基本概况

星体类型

行星（气体），质量约为地球的 318 倍

✳

离太阳距离

平均 5.2 AU，即 7.78 亿千米

✳

离地球距离

6.3 亿 ~9.3 亿千米

从地球出发的旅行时间

根据距离在一个月到一年之间变化

✳

直径

大约 140 000 千米，即约地球半径的 23 倍

✳

精彩之处

奇特多彩的高能风暴，如大红斑！

平均压强和温度

木星区域	平均压强	平均温度	
	（地球表面 =1.0）	°F	℃
平流层下部；最高的云层的顶部	0.1	− 244	− 153
相当于地表压强的表面（云层以下 50 千米）	1.0	− 154	− 103
水 - 冰云层底部（云层以下 100 千米）	10	80	27
金属氢地幔（表面以下 30 000 千米深处）	3 000 000	14 000	7 700
木星的中心岩石 / 金属核	12 000 000	45 000	25 000

高重力 ⇅

接近木星时你会被压缩，因为木星云顶的引力约为地球引力的 2.5 倍。当你掠过那些壮丽的云彩时，你的脊椎会缩短，你会明显感觉到超重、虚弱。虽然木星航天飞行器的特殊旋转设施可以帮助抵抗这种影响，但有些人在旋转环境中难以长时间保持平衡状态。想要飞跃木星的特殊人群，需花时间适应增加的重力（例如使用特殊训练设备）以及旋转，并得到"处理高重力有很好的经验"的报告。

极端高压 ⓟ

现在给你提供一个在云盖下面的新航程，进入像大红斑这样的风暴系统深处。但是，请注意，旅行者必须应对深入高压环境中产生的影响。例如，在木星大气层中约 100 千米深处的水汽云中进行空中旅行时，人们相当于处在地球表面压力 10 倍的地方，这相当于潜入水下约 70 米的地方。酒店和航班被设计成特殊的结构，就是为了承受这种压力差，它们通常需要提高舱内压力，以弥补压力差。这会

当你接近木星的云顶时——就像 2017 年 NASA 朱诺号太空船拍的大红斑的特写一样——你将看到令人眼花缭乱的旋涡彩云和风暴系统，看上去就像是印象派的画作。

令人头晕，那些对压力变化敏感的人可能会体验到类似深海潜水员的减压病的症状。所有的太空飞船公司都提供航行前压力测试和适应训练，以便你可以随时准备深入木星。

不要错过……

即使是乘坐最快的太空飞船，通常你也需要花几个月的时间才能到达木星，所以为了使这个航程值得，你会想要在这个巨型星球上做一些有意义的事。幸运的是，现在有几个航空公司可供你选择，在旅途中，你会看到太阳系最壮观的景观。

大红斑 🔀 👫 📷

如果你选择一个"点"来定义望远镜发明以来，所有人对木星印象，那就是"大红斑"了！"大"在于它是太阳系中最大的风暴系统——最大的时候可

以放下三个地球！"红"是因为氨、硫氢化铵和乙炔等分子在随风暴的上升过程中混合和升起并形成云时有绚丽的红色。"斑"在于它一直存在于同一个南纬度上——每隔五天旋转一次。几个世纪以来它一直在不断变大和缩小，红色时深时浅，并且一直会持续存在下去。

大红斑空中酒店在 22 世纪末开业，（里面还包含一个豪华度假村和水疗中心），在那里，人们可以坐在前排座位上欣赏壮丽的表演、在红色云顶上懒洋洋漂浮而过。在那里，人们还可以看到大红斑壮观的三维结构，其中的一部分像巨大雷暴一样升起。巨大的窗户（和摇椅）可以让你坐下来盯着围着你转的涡流和旋涡的湍流看，它们随着云层升起和降落以及日照（非常短，只有 5 个小时）的变化而改变颜色。住宿是五星级的，用餐（主要食材来自太阳系各地）也被认为是木星系统中最好的。如果你能负担得起，可以在上面待上一个星期或一个月，你会迷上它的。

在木星的夜晚观看极光 👫 📷

虽然地球的极光很美丽，但与木星上的极光相比，地球上的极光有些黯然失色。因为木星的磁场是地球的 14 倍，所以它会产生更明亮、更快、更绚丽的极光。

宙斯酒店（Hotel Zeus）是一家位置特别的空中酒店，位于木星极区之上，为希望参加木星极光之旅的旅客提供三星级和四星级的住宿。在这家酒店里能一直看到木星的夜景，这样就可以不间断地观察北极光和南极光（研究人员也可以进行持续的研究）。航班游览以及特别配备的气球飞行都可以向下进入极光区，在那里你会被红色、绿色和黄色的光神奇地包围着。你还会看到大量的闪电，甚至可能是巨大的、奇形怪状的、多彩的"精灵"——从

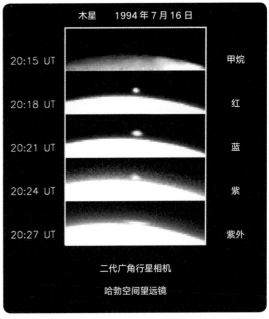

木星　1994 年 7 月 16 日

20:15 UT　　　甲烷

20:18 UT　　　红

20:21 UT　　　蓝

20:24 UT　　　紫

20:27 UT　　　紫外

二代广角行星相机

哈勃空间望远镜

1994 年舒梅克 - 利维 (Shoemaker-Levy) 9 号彗星撞击木星大气的冲击造成的空中爆炸（右图中从上到下的时间序列）在这个巨大的星球上留下了巨大的地球大小的凹陷（左图）。

云层到云层的电流放电，远高于对流雷暴。这将是一次非常颠簸但又非常难忘的飞行！

见证一次撞击！

从 1994 年著名的舒梅克 - 利维 9 号彗星撞击木星云开始，天文学家已经知道彗星和小行星在不断地撞击巨大的行星。大多数撞击的影响都很小，很难察觉；像 1994 年那样的大撞击事件一个世纪只发生过几次。而相对常见的小撞击事件（10~15 米大小的行星或彗星）则催生了一种迅速发展的旅游项目。游客注册一个特殊的为期一周的航班巡航，登上船只，然后……出去玩。天文学家在飞船上跟踪接近木星的小天体，密切关注小撞击事件。小的撞击事件通常每周发生几次，所以你随时都可能看到。

这是一个多么神奇的景象啊！你可以体验到天文学家们在 1994 年时所感受到的震撼和敬畏之情，当时他们意识到即使是一颗小天体——就像一颗只

有几个足球场大小的彗星核心以超高速运动——也可以释放比地球上的所有核武器更多的能量。当所有的能量集中到冲击波中，撞击者和大气层都受到高温蒸发时，工作人员将会把你放在一个安全的距离上，给你特殊的眼镜来观察"三位一体"的冲击瞬间。这样奇异颜色的分子从更深层的大气层中翻动出来，在云层顶部产生的凹陷将持续数月。随着气温的降低，工作人员会带你进一步观察爆炸区。这肯定会是一次令你印象深刻的旅程！

云下之眠

因为木星离太阳很遥远，所以它的云顶冰冷。但是当你深入木星大气时，压强增加会导致温度升高。由于这种影响，在云层之下 50~100 千米处是温度和压力与地球相似的大气层。这里有些地区，巨大的水汽形成的翻滚的卷积云与深蓝色的天空形成对比，即使在下面没有看到陆地或海洋，游客仍

木星极光或"北极光"是怎么形成的？

和高中经典科学示范实验中铁屑沿条形磁铁的磁力线排列一样，行星的磁场"排列"高能粒子并将它们引导向磁场源。因此，当太阳风粒子——从太阳流出的高能原子和质子——感受到像地球或木星这样的磁性行星的引力时，这些粒子就会加速到行星表面（或云顶）。因为极区是磁场线汇聚的地方，所以粒子在极区聚集。在这个过程中，组成这些粒子的电子获得能量并激发（离子化）。然后逃离磁场的离子通过释放可见光光子来释放所获得的能量，从而产生闪烁红色、绿色和黄色的极光。极光的形状和颜色的快速变化反映了离开太阳的粒子流快速变化的性质和行星磁场的高度可变性。最终的结果就是多彩的、动态的、绚丽的极光景象。

然会有回到地球上的感觉，仿佛徜徉在熟悉的地球行星的云彩之中。

在这样一个陌生的景观中你可以体验到地球上你所熟悉的感觉。最近，这已经促使一些企业家在木星大气中类似地球的区域建立了多个"雨云"空中旅馆（"Nimbus"airhotel）。虽然不能直接呼吸空气，但你可以戴上一个较简单的空气呼吸面具，穿着衬衣在甲板和走廊上散步。对于很多人来说，由于没有太空服的限制，这将是他们一年或更长的时间里第一次体验到真正的户外活动。至今，这些公司只提供基本的住宿、餐饮以及有限的娱乐选择。尽管如此，"家的感觉"被证明是一个成功的旅游热点，所以这里的住宿和其他选择未来有望增加。

到达那里

木星虽然只在外太阳系的内缘，但到达木星所需要的时间仍然会让你感受到太阳系的巨大，而到外层行星的距离真的是天文数字。最快的现代推进航天飞行器可以在大约一个月的时间里从地球（或从火星约两周）到达那里，但是当行星在同一直线上时，你必须及时启程，而且不得不高价支付费用。一些传统的航班需要 6 个月（从火星出发）到 12 个月（从地球出发）的时间才能让你到达木星。由于旅行时间较长，与太阳系其他目的地相比，往返木星的航班少得多，所以你一定要提前预订。

木星旅游攻略

由于往返木星的时间漫长，你大部分时间都将待在飞船上，所以一定要选择适合你的食宿。一旦到达木星，你可以选择在飞船上保留住宿（航班通常会进入轨道并提供旅游和短途旅行），或者直接转移到空中酒店，大多数主要场馆之间都有班车服务。空中酒店的娱乐和餐饮服务各不相同，有从五星级的大红斑酒店到中级宙斯极光观景酒店供你选择。

当地风情

前往外太阳系长途太空旅行的乘客大多都会跟航班飞行员和机组人员成为好朋友。你会看到，传

地球上风起云涌的景象？不，这是木星上层云顶以下 50 千米处类地球大气层区域，这里的温度和气压适中。

木星探测历史

- 1610 年：伽利略首次用望远镜观测木星和它的卫星
- 1665 年：天文学家罗伯特·胡克（Robert Hooke）和乔瓦尼·卡西尼（Giovanni Cassini）发现木星的大红斑
- 1955 年：射电天文学家发现木星难以置信的强大磁场
- 1973 年：先驱者 10 号首次飞越木星
- 1978 年："国际紫外探险者"（International Ultraviolet Explorer，IUE）地球轨道空间望远镜发现木星极光
- 1979 年：旅行者 1 号和旅行者 2 号探测器首次获得高分辨率木星图像、它的卫星图像和木星环图像
- 1994 年：舒梅克 - 利维 9 号彗星撞击木星
- 1995 年：伽利略号成为第一只环木飞船，是首个进入木星的探测器
- 2016 年：朱诺号木星探测器绘制出了木星的引力场和内部结构
- 2041 年：木星大气样本首次被机器人带回地球
- 2078 年：首次木星载人任务（登陆火星，飞越木星，然后返回火星）
- 2120 年：首次"深空探测"机器人任务完成木星的金属氢内层采样
- 2153 年：轨道磁卫星网络（Orbital Magsat network）开始向木星的卫星上的基地发射电力
- 2180 年：在木星上建立第一家云顶空中酒店（大红斑度假村）
- 2200 年：在木星的类地球压强和温度区域建立第一家深空酒店
- 2218 年：提供深入木星大气的新的往返游览

统推进的"长途"航班上的许多机组成员都是拖家带口的，他们的配偶甚至年龄较大的孩子可能也是机组人员或餐饮娱乐员工。对他们来说，航班就是他们的家。你遇到的一些孩子可能永远没有真正感受过行星或卫星的引力。怎样才能最好地体验木星所提供的一切，听听他们的建议吧！

是否是一颗恒星？

木星是一颗巨大的行星还是一颗失败的小恒星？天文学家发现，要成为一个恒星，其中心温度和压强必须足够高，可以使四个氢原子聚合成一个氦原子——在这个过程中以光和热的形式释放少量的能量，用来平衡引力进一步压缩恒星。能有这样核聚变的最小天体的质量是太阳质量的 8%，或是木星质量的 80 倍，因此，尽管木星的核心高温高压，但它还是不足以使氢发生核聚变，所以木星并没有成为恒星。

乘上一架宇宙飞船，可以亲眼看见小行星或彗星撞向木星的云层！

EUROPA

DISCOVER LIFE UNDER THE ICE　　ALL OCEAN VIEWS!!!

参观欧罗巴和木星卫星

早在 1610 年，伽利略就发现了绕木星运行的四颗类恒星卫星。这个发现是革命性的，因为它有助于反驳"地球是宇宙中心"的观点。之后陆续探测到的木星的伽利略卫星包括：大卫星伊奥（Io，木卫一）、欧罗巴（Europa，木卫二）、盖尼米得（Ganymede，木卫三）和卡里斯托（Callisto，木卫四）。这些卫星的发现具有革命性的意义，特别是这些卫星被证实从地质学角度、水文学角度，甚至可能生物学角度都是活跃的。这些卫星中至少有两颗卫星，即欧罗巴和盖尼米得，是由岩石和冰构成的，在其外层冰壳下有液态水。第一，卡里斯托的成分大多数是冰，但在表面下也有一层泥浆状的液态水层。第二，伊奥的成分为岩石，它是在太阳系中火山喷发的次数最多的天体。伽利略所发现的事实证明木星系统是一个多样化的、有趣的小型太阳系，在木星系统中，其他星体都围绕着木星运行。

对页：欧罗巴，发现冰下生命，所有的海景！！！欧罗巴海洋中的潜水研究站现在开始接纳爱冒险的游客。登陆欧罗巴，成为太阳系历史的一部分。

这些卫星中最令人激动的是欧罗巴。它是木星的四颗大卫星之一，离木星第二远，比月球小约10%。欧罗巴上没有大气层，它的表面由超级光滑的冰壳组成，表面冰壳破碎成数千块冰板，它们之间相对运动似乎很缓慢。这些板块的运动是"海冰"之下有深水液态海洋的第一个暗示。事实上，根据机器人飞越、环绕，以及最终着陆任务带回的数据，20世纪末和21世纪初行星科学家发现了欧罗巴的海洋几乎是地球海洋总体积的3倍。它的海水表明水和卫星的岩石地壳物质之间有很多直接接触。人类已经在其表面裂缝和海洋样本中发现了有机分子（碳、氢、氮和其他原子之间的复杂链）。因为距离太阳很远，海洋的存在意味着欧罗巴必须有一个内部热源，防止欧罗巴的水结冰。一个适合生命生存的星球所需要的成分必须有液态水、有机分子和热源，而欧罗巴是太阳系中除地球之外为数不多的满足所有这些要求的星球之一，这怎能不让人激动呢。

欧罗巴站和欧罗巴极区

欧罗巴基本概况

星体类型

行星的卫星，冰构外壳，深入表面以下是海洋，
岩石地幔以及核心

✳

离太阳距离

平均 5.2 AU，即 7.9 亿千米

✳

离地球距离

6.3 亿 ~9.3 亿千米

从地球旅行的时间

根据距离在一个月到一年之间变化

✳

直径

3 100 千米，即比月球小约 10%

✳

精彩之处

欧罗巴的海洋的水量几乎是地球所有海洋的 3 倍！

平均温度

卫星	白天		夜间		极端/特殊位置		
	℉	℃	℉	℃		℉	℃
伊奥	−225	−143	−297	−183	熔岩流	3 000	1 650
欧罗巴	−256	−160	−364	−220	海水	32~39	0-4
盖尼米得	−234	−148	−315	−193	海水	32~39	0-4
卡里斯托	−218	−139	−315	−193	赤道，正午	−160	−108

去前准备

欧罗巴和木星的其他大卫星是令人兴奋的旅游目的地，但是当你开始计划旅行时，你需要做好准备迎接以下挑战。

极端辐射 ☢

木星的卫星处于行星巨大磁场的高危辐射中。航天飞机、班车、地表和地下栖息地都有适当的屏蔽，但在强辐射爆的情况下，你必须接受使用辐射安全舱的训练。

极端温度 🌡️🌡️

欧罗巴和木星的其他卫星离太阳很远，并且它们没有绝热和保暖的大气层。因此，即使是最温暖的白天温度仍然很低（大约 -150 ℃），夜间温度直线下降到约 -200 ℃，仅高于绝对零度约 70 ℃！欧罗巴和盖尼米得冰壳下"温暖"海洋的温度也只是刚刚高于水的冰点。低温意味着船舶以及太空服和潜水服都需要极好的保温性能，并且需要进行特殊培训来识别和处理空间低温的影响。多火山活跃的

木星的伽利略卫星。从左到右，即离木星最近到最远，分别是伊奥、欧罗巴、盖尼米得和卡里斯托。
就尺寸比例来说，伊奥的大小与月亮大小相当，卡里斯托的大小与水星的大小大致相当。

伊奥上孤立的熔岩湖和熔岩流与熔化的岩石一样热，跟低温相比，呈现出有所不同却同样具有挑战性的危险。

不要错过······

在过去的几十年中，欧罗巴和木星的其他大卫星已经提供了各种教育、娱乐，甚至是活跃的"全民科学"研究的旅游机会。

冰下生命？ 👫 📷 📖

虽然欧罗巴站上防辐射和隔热的圆顶结构下有多种餐饮、娱乐和住宿选择，但现在圆顶下方欧罗巴壮丽的深海中有最令人兴奋的旅游活动。自22世纪中期以来，潜艇研究站的科学家们一直在研究和寻找海洋中的生命，现在他们通过接待游客来募集研究经费。这些研究站可以安全地屏蔽欧罗巴表面寒冷的温度和灼热的辐射，它们为探索深海而建造，可以漂浮到海洋中不同深度的地方，也可以一直下沉到海底，这将为你提供令人难忘的冒险体验。作为船员的一部分，你（和你的孩子）可以直接参与

欧罗巴的研究，参与目的地和取样区域的选取，并监督一些需要人工监控或互动的船上实验。尽管目前还没有在欧罗巴上发现生命，但科学家们的探索才刚刚开始。虽然住宿和可供选择的食物不多，但它仍然非常吸引游客，因为在欧罗巴美丽、宜居的环境中寻找地外生命是极具历史意义的。

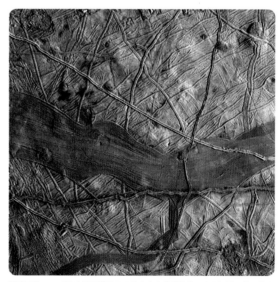

欧罗巴上160千米宽的区域显示了地表冰壳分裂为数千个小板块。其下的海水到达板块之间的表面，水蒸发后留下的盐形成红色的山脊。

伊奥 👫📷🌋

木星最内层卫星伊奥与月球大小相当，是太阳系中最活跃的地方之一。伊奥表面的火山喷出含硫和硅酸盐的灰烬和熔岩，并且它们几乎处于稳定喷发状态。硫的颜色随着温度变化，形成白色、黄色、橙色、红色和黑色绚丽的色调，这些覆盖在卫星表面的颜色会不断变化。这里的火山仙境已经成为外太阳系地质研究的一个主要前哨站，伊奥火山观测站（Io Volcanic Observatory）位于距大火山洛基·帕泰拉（Loki Patera）不远（但确保安全）的圆顶下，它是火山活动观测的中心。伊奥站为游客提供了几十个三星级酒店式客房。你可以与科研人员一起用餐，参加公开讲座和学术研讨会，并在地质学家的指导下徒步前往附近的熔岩湖和喷火口。酷热正等着你！

盖尼米得 👫🌍🥾

盖尼米得是太阳系中最大的卫星，它比水星大20％以上。像水星一样，它由核心、地幔和地壳构成，但它也有复杂的类板块构造的地表地质。它是唯一本身拥有磁场的卫星。然而，与水星不同的是，它主要由冰和岩石组成，而不是岩石和金属。盖尼米得还拥有一个地下液态水海洋，但它位于比欧罗巴海洋厚得多的冰层下面，因此机器人或人类游客尚未到达过那里。尽管如此，盖尼米得站还是一个活跃的研究基地，科学家们可以远程研究卫星的海洋和内部（主要是利用震波，如地球物理学家研究

上图：木星色彩斑斓的云为伊奥上壮观的彩色火山喷发提供了美丽的背景。

下图：伊奥站上的火山学家可以带你参加一些令人震撼的徒步旅行，亲眼目睹太阳系中最活跃的火山爆发。

欧罗巴和木星卫星的探测历史

- 1610 年：伽利略用他的望远镜发现伊奥、欧罗巴、盖尼米得和卡里斯托
- 1979 年：旅行者 1 号和旅行者 2 号首次获得伽利略卫星的可分辨图像
- 1995 年：伽利略木星探测器获得这些卫星的高分辨率图像
- 2013 年：哈勃空间望远镜观测到欧罗巴上一连串水冰
- 2026 年：NASA 的欧罗巴快艇（Europa Clipper）任务发现欧罗巴海洋的确切证据
- 2029 年：机器人首次着陆欧罗巴
- 2032 年：欧洲航天局（欧空局，ESA）的木星冰卫星探测任务（Jupiter Icy Moon Explorer mission）证明了盖尼米得海洋的存在

- 2045 年：机器人首次环伊奥飞行并着陆
- 2058 年：机器人首次着陆盖尼米得并在其上漫游
- 2066 年：机器人首次着陆卡里斯托
- 2085 年：机器人潜艇任务首次成功进入欧罗巴海洋
- 2098 年：人类首次着陆木星的卫星（首先着陆盖尼米得，然后是欧罗巴）
- 2115 年：建立了欧罗巴站的圆顶、表面研究基地
- 2126 年：建立了卡里斯托站和盖尼米得站研究基地
- 2136 年：在洛基·帕泰拉（Loki Patera）附近建立伊奥火山观测站研究基地
- 2150 年：首次在欧罗巴海域进行人工驾驶的潜艇探索和研究任务
- 2218 年：游客可以到四个大卫星上新扩大的基地旅游观光

地球一样）。此外，因为科学家们认为撞击坑中可能有与深海接触的深层物质，所以他们经常去实地考察基地附近撞击坑。

卡里斯托 🧗 🔭 🎿 🎲

卡里斯托是一颗与水星一样大的、布满陨石坑的天体，是四颗伽利略卫星中地质活动最少的卫星。行星科学家认为卡里斯托不那么活跃是因为它的轨道离木星最远，因此感受不到像更接近木星的卫星伊奥、欧罗巴和盖尼米得那样强大的引力和潮汐力。尽管如此，卡里斯托厚厚的冰壳下面是呈液态的"地幔"层。卡里斯托表面本身被粉尘和冰层覆盖。卡里斯托站的研究人员也欢迎少量游客，进入该游览区会给你提供了一些在外太阳系中最好的、清新的粉末上滑雪的机会（导游可以给你租用所有合适的

专用设备）。他们预备在卡里斯托上开发一个真正的以旅游为中心的滑雪和冬季运动中心，所以游客在这个地方过于拥挤之前就应制订计划。

到达那里

到木星的卫星上所面临的挑战与到木星本身上所面临的挑战相同——旅行时间长、成本高、选择有限，以及所到之处环境危险。要真正体验这些星球，你得计划（至少）花费你生命中的一年或两年的时间去旅行并探索它们。

木星卫星旅游攻略

除了从地球（或是火星）把你带到木星系统的太空飞船外，目前你的住宿选择仅限于四个大卫星上各自已建成的一个基地，以及欧罗巴海洋中的几

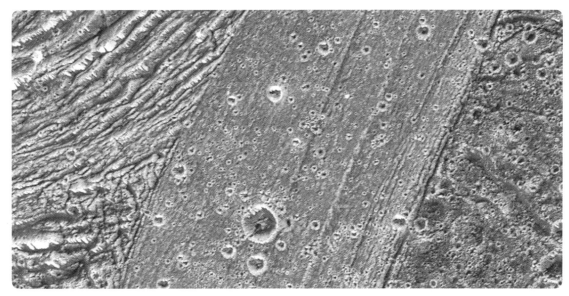
盖尼米得的表面有山脊、陨石坑和海冰状的板块，这个区域有 90 千米宽。

个潜水科学研究站上的几个房间。这些卫星上的人员仍然主要是科研人员，因此目前还没有五星级度假胜地或水疗中心，餐饮和娱乐选择远比内太阳系少得多。尽管如此，在特殊节日或与参观娱乐团体一起的旅行可以使航程更有价值。特定航班提供四个卫星之间的交通服务，所以请借此机会尽可能多地参观这些有趣且有活力的星球。

当地风情

　　木星四个大卫星上的所有基地都是很活跃的研究站，站里的许多科学家和后勤人员世代生活在这里。这些研究站的科研氛围浓郁。因此，对这些星球的探索和发现历史感兴趣的旅行者——甚至是对科研人员目前的探索作出贡献的游客，将受到当地人员的热烈欢迎。这里有很多社会交往的机会（相对卫星上较少的旅游观光客而言），以及各种扩大你的视野和参与尖端研究和探索的机会。千万不要错过哦！

卡里斯托表面有很多坑，细碎的岩石和冰块覆盖其上。这个场景宽约 32 千米。

TITAN

RIDE THE TIDES THROUGH THE THROAT OF KRAKEN

泰坦和土星的美妙景象

到土星的用时几乎是去木星的两倍，但土星之旅绝对是值得的。就算从地基望远镜观测，土星环也一直被公认为是太阳系的王冠宝石，非常壮丽。并且土星的六十多颗卫星也是非常独特而美丽的。其中最大的一颗卫星叫泰坦，是整个太阳系中最迷人的天体之一。

对页：在太阳系中，泰坦是除地球以外唯一表面有液体覆盖的天体。但是，泰坦的河流、湖泊和海洋不是由水构成的，而是由液态乙烷、甲烷和其他碳氢化合物组成的。

泰坦比水星还大，略小于木星最大的卫星盖尼米得（木卫三）。泰坦的独特之处在于，它是太阳系中唯一拥有浓密大气层的卫星。泰坦的大气层由氮和甲烷组成，其表面压强比地球表面压强高50%。在这样高的压强和外太阳系极端寒冷的温度下，泰坦大气中的许多有机分子以液体的形式存在，而非气体。事实上，在早期对泰坦的探测任务中发现了液态甲烷和乙烷的河流、小海洋和湖泊，以及由这些特殊液体腐蚀冰面所导致的复杂地质的证据。因为有证据表明冷冻冰面下有一层液态水层，泰坦也是个"海洋天体"，如欧罗巴、盖尼米得和恩克拉多斯（Enceladus，土卫二）一样。泰坦的地质结构复杂，就像是绕土星运行一颗小行星。

土星最大的卫星——泰坦，卡西尼轨道器在2012年拍摄的图片中泰坦出现在巨大土星的前面。

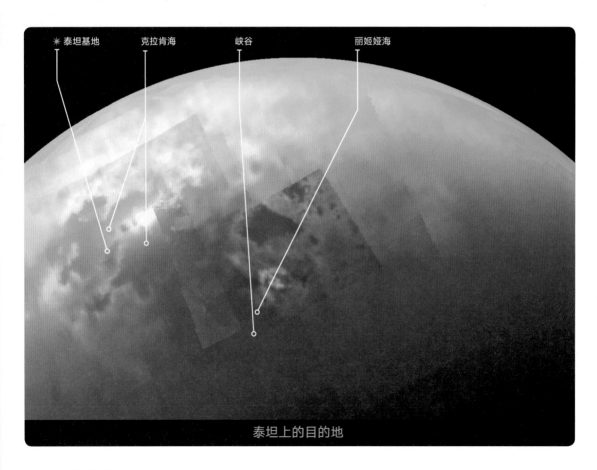

泰坦上的目的地

泰坦基本概况

星体类型	从地球旅行的时间
行星的卫星	根据距离，在约两个月到将近两年之间变化

✳ ✳

离太阳距离	直径
平均 9.6 AU，即约 14.3 亿千米	5 150 千米，比水星直径大大约 6%

✳ ✳

离地球距离	精彩之处
12 亿~13.6 亿千米	厚厚的烟雾弥漫的大气层 以及液态甲烷、乙烷河、湖

平均温度

白天最高温度		夜间最低温度 / 阴影温度	
°F	℃	°F	℃
-288	-178	-292	-180

泰坦作为早期地球的实验室？

这颗大气中富含氮和碳氢化合物的星球可能看上去奇怪又陌生，但行星科学家认为这正是三四十亿年前地球的模样。那个时候地球大气层中几乎没有氧气，从火山中喷出的气体，如氮气、甲烷、二氧化碳等，构成了原始的大气层。数十亿年后，简单的类细菌的生命在光合作用下演化，地球的大气层变得像今天一样富含氧气。然而，在泰坦冰冷的气温下化学过程（和任何可能的演化）要慢得多，所以泰坦上的大气含氮量持续减少的过程将超过 45 亿年。因此，研究泰坦为了解地球的早期历史提供了一个独特的窗口。

去前准备

如果你计划参观土星系统中的泰坦和其他目的地，你应该做好准备迎接以下挑战。

极端辐射 ☢

像木星一样，土星也有强大的磁场，会给人员和设备带来高辐射的危险。尽管它的辐射强度不如木星那么强烈，但你仍须小心谨慎，确保你的安全培训有效，而且旅行社的安全许可证是最新的。

极端高压 ♇

如果走在泰坦表面，你相当于在一个比地球大气压高 50% 的环境中步行或者相当于在水中下潜约 15 米。虽然会为你配备相应的太空服和其他装备，但要记住你的身体不能承受如此高压。因此，要特别重视帮助你适应压强、避免减压病的安全训练。

警 告

谨防有毒气体。泰坦大气主要是惰性氮气（98%），但其余的大气是甲烷、氢和其他碳氢化合物如乙烷、丁二炔、甲基乙炔、乙炔和丙烷等有毒气体的组合。当然，你的太空服和其他设备将提供可呼吸的空气，但不夸张地说，泰坦的碳氢化合物与氧气混合可能会有爆炸的情况出现。一定要有耐心完成所有的安全演练，一些设施会有两个或甚至三个气闸，以确保把有毒气体挡在外面。

不要错过……

泰坦基地和克拉肯海的海上巡航 🗡 📷 👫

泰坦上最大的海是克拉肯海（Kraken Mare，以神话挪威海怪的名字命名），它略大于地球上的里海。数百个港湾和水湾界定了克拉肯海的海岸线，背靠着其中最美丽港湾附近的山脊，科学家们建立了一个永久研究站——泰坦基地。这是一个中等大小的研究站，拥有约 50 位科学家和后勤人员，与其他外太阳系基地一样，基站人员已经开始接纳冒险游客作为募集研究经费的一种方式。除了了解他们最新的科学成果之外，你还将有机会加入研究队伍，参加一次或多次盖亚（Gaia）的研究航行，盖亚船专门用于横跨泰坦液态烃湖海的航行。尤其令

神奇的云雾迷蒙的日落是泰坦基地沿克拉肯海岸的常见景观。

沿着维德·弗鲁米纳峡谷壮观的丙烷瀑布，这里靠近神奇的"白水"漂流冒险的入口处。

人难忘的是晚餐巡航讲座，它通常由船员中的一位年轻博士后带领，你可以从中了解对泰坦的探测历史，并借此机会通过问和答的方式详细了解太阳系。现在许多船员都很有音乐才能，因此巡航夜游时有娱乐和跳舞。

泰坦"白水"河漂流 📷🏄

如果你是真正的勇者，现在可以与泰坦基地工作人员签约，搭乘航天飞机前往刺激的新漂流之旅，穿过维德·弗鲁米纳（Vid Flumina）峡谷中的急流，这条大河流入泰坦的第二大海——丽姬娅海（Ligeia Mare）。侵蚀河道斜坡的大型冰块在一些河段形成了一些壮观的 4 级和 5 级急流。虽然"白水"

（White-Water）并不是非常准确的术语（它不是水，是液态乙烷和其他液态碳氢化合物），但是河流依然波涛汹涌，随处可见白色波浪。你的导游中有经验丰富的白水漂流专家，他们已经了解（并遵循）急流的日常和季节性变化。你必须进行相当艰苦的徒步旅行（即使引力比较低，只有地球的 15%）才能抵达筏子进入河流的地方，但沿途有一些很壮观的景点，在许多方面让人想起美国西南部沙漠或挪威峡湾地区的河流景观。如果幸运的话，在回来的路上，导游也会带你快速参观 2005 年惠更斯探测器的着陆点，人类从这里首次真正看到了这个令人惊奇的星球。

绕土星环一周 🚶📷⛰

当你在土星附近时，不要错过更多土星观光的机会。在著名的土星环惊人穿梭之旅中，飞行员将灵巧地引导你穿越数百万漂浮着的、从沙尘到房屋大小的冰块迷宫。这些冰块由于引力束缚在一组薄薄的环中，令人惊讶的是，这些环只有 10 米厚，但是有 16 个地球宽。只要把你的速度与环里的颗粒运行速度相匹配，你就能够近距离看到它们，听它们轻轻地碰撞保护良好的飞船外壳。被巨大的、闪烁的、旋转的冰块包围着，这是科幻电影中的场景，但现在你可以真实地体验它。在往返土星环的途中，飞行员还会将飞船一次或多次潜入土星本身的高层大气中，让科学家采集不同云层和雾层的样本，以便他们更多了解我们的太阳系第二大的气体巨行星。

到达那里

土星离地球的距离几乎是木星的两倍，因此行程时间更长，从地球到土星大约需要两个月到两年不等（单程），但如果从火星或木星出发，行程时间会缩短不少。此外，由于去土星系统的旅游机会很少，航班不太频繁，往往一票难求，所以一定要提前预订。航天飞机一旦进入土星轨道，穿梭航班将与航天飞机对接并带你前往泰坦基地或恩克拉多斯站（参见第 13 章），或者去参观土星环和云顶。

土星系统旅游攻略

土星系统中的住宿选择仅限于航天飞机以及泰坦或恩克拉多斯研究站中相对较少的旅游客房。如果你前往其中一个卫星，那么你会跟科学家（地质学家、气象学家、天体生物学家和其他人）住在一块，这些科学家正在积极研究不同的外太阳系天体。你将有很多机会与这些人进行交流，了解他们的工作。餐饮选择仅限于基地的自助餐厅式餐馆（航空公司可能会给提供更优质的食物）。除了有机会参加海上巡航、漂流之旅和土星环的伴行之旅之外，你还有机会在泰坦基地附近与正在进行相关的、令人兴奋的户外工作的工作人员一起徒步行走。

当地风情

泰坦基地研究人员更替相对较频繁，大多数初级研究人员在未返回地球或其他具有更好的实验室和计算设备的基地之前，需要一年或两年的时间来完成他们的论文或博士后研究的各个方面的工作。很多人和你一样，作为土星和泰坦的首次访问者，对此次经历感到敬畏。尽管如此，他们对科学和冒险探究的热情也具有相当的感染性，而且之后的派对也颇具传奇色彩。花点时间去了解他们，不仅是了解他们在研究泰坦方面所取得的令人难以置信的成就，而且也能借机研究地球的历史。

数百万房屋大小的冰块在令人惊叹的薄薄的土星环中优雅地跳舞。当你穿过土星环时，飞行员会让你靠近这些巨石。

泰坦和土星探测的历史

- 1655 年：荷兰天文学家克里斯蒂安·惠更斯发现土星最大的卫星泰坦

- 1659 年：惠更斯发现土星有环

- 1979 年：先驱者 11 号太空船首次飞越土星系统

- 1980 年至 1981 年：旅行者 1 号和旅行者 2 号获得土星及其卫星和圆环的第一张高分辨率图像

- 2004 年：卡西尼号机器人太空飞船成为首个绕土星轨道的探测器

- 2005 年：由卡西尼号飞船携带的惠更斯号探测器成功登陆泰坦

- 2032 年：首次成功进入土星大气探测

- 2088 年：人类首次进入土星（从火星发射）

- 2120 年：人类首次登陆泰坦

- 2130 年：土星机器人"深度探测"（deep probe）任务在土星的金属氢内部采样

- 2150 年：在克拉肯海的海岸建立了泰坦基地

- 2210 年：可以在土星环常规旅游

- 2218 年：为泰坦探险旅行者提供"白水"漂流之旅

VISIT BEAUTIFUL SOUTHERN

ENCELADUS

MORE THAN 100 BREATHTAKING GEYSERS! ◄ THE HOME OF "COLD FAITHFUL" ► BOOKING TOURS NOW

恩克拉多斯和土星冰卫星

　　土星系统的旅游能为你提供各种观光和冒险机会，而不仅仅是参观泰坦和土星环。土星还有 60 多个卫星，它们能为旅客提供极好的风光、短途旅行和教育机会。其中 6 个卫星［瑞亚（Rhea）、伊阿珀托斯（Iapetus）、狄俄涅（Dione）、忒堤斯（Tethys）、恩克拉多斯（Enceladus）和米玛斯（Mimas）］直径都大于 400 千米，因此有足够大的面积可供你参观和探索。其中，也许最有趣也最令人惊叹的目的地是恩克拉多斯（土卫二）这颗卫星，它已成为太阳系中仅有的几个必须参观的天体生物学场所之一。

对页：参观美丽的南方——恩克拉多斯，百余个惊人的间歇泉！"冷忠实"的家，现在就制订旅游计划。参观位于恩克拉多斯南极附近的深"虎斑"裂缝周期性出现的强大水蒸气喷流。

恩克拉多斯虽然很小，直径只有 500 千米，但其内部热量已经足够生成一小片海洋。它的内部热量可能来自土星和其他更大的卫星在恩克拉多斯轨道附近经过时产生的周期性的引力挤压。其他天体在恩克拉多斯附近引力的消退和波动会产生潮汐力，加热内部，融化一些冰层地幔，并在冰层地壳下形成液态水层。

这些作用于恩克拉多斯潮汐力的一个结果就是巨大的海水间歇泉的周期性喷发，它由巨大的温暖裂缝（因为它们的图案结构而被称为"虎斑"）在卫星南极附近的冰壳中喷出。从海洋上穿过条纹的水，立即在真空中结晶成喷流状的喷雾，使部分恩克拉

多斯看起来几乎像彗星。随恩克拉多斯绕土星旋转的冰块云就是令人印象深刻的环系统中的土星 E 环。太阳系中没有其他的小冰质卫星具有类似的地质活动。这些喷流的测量结果显示恩克拉多斯上可能存在许多中等复杂的有机分子，同时证明恩克拉多斯有温暖潮湿的内部，这将是一个我们所知的潜在生命宜居环境。这可能将推动在恩克拉多斯上建立一个永久的天文生物研究站。

去前准备

如果你计划参观恩克拉多斯或土星的其他卫星，请回顾上一章中应对土星高辐射的预防措施，并作好以下准备。

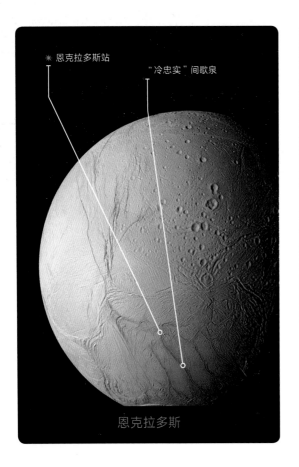

* 恩克拉多斯站

"冷忠实"间歇泉

恩克拉多斯

潮汐力如何加热行星内部？

如果你曾经玩过回力网球或壁球，那么你就知道，随着比赛的进行，球会变得越来越热。这是因为它受到球拍的压力而不断伸缩。事实证明，行星卫星可以以相同的方式加热。作为卫星轨道，每次经过邻近的卫星时，它都会受到另一个卫星的引力，并向它移动。但它也受到了它的母星球的更大的引力。反向的作用力就像海洋上的潮汐一样，把中间的卫星的形状稍微延伸。如果拉伸经常发生，例如，如果内卫星绕转恰好是其他各个外卫星的两倍（天文学家称之为共振），那么潮汐力会随着时间的推移而放大。数十亿年的反复拉伸和放松可以加热卫星的内部。就木星最内层的卫星而言，它已经被加热到岩石的熔点以上。对于像欧罗巴和恩克拉多斯这样的潮汐加热来说，加热并不那么剧烈，但它仍然足以融化冰、生成地下液态海洋。

恩克拉多斯基本概况

星体类型	从地球旅行的时间
行星的卫星	根据距离从约两个月到将近两年之间变化
✳	✳
离太阳距离	直径
平均 9.6 AU，即约 14.3 亿千米	500 千米
✳	✳
离地球距离	精彩之处
12 亿~13.6 亿千米	巨大的盐水间歇泉表明 恩克拉多斯是个海洋世界！

平均温度

白天最高温度		夜间最低温度 / 阴影温度		南极 "虎斑"	
℉	℃	℉	℃	℉	℃
−330	−200	−364	−220	−310	−190

低重力 ⬍

就像火星的卫星和木星的冰卫星一样，土星的大部分冰卫星的表面重力都非常低，最大的瑞亚（土卫五）表面重力约为地球重力的 2.7%，最小的恩克拉多斯表面重力仅约地球重力的 1.1%。因此，准备好在恩克拉多斯站的低重力住宿，并且在土星冰卫星上外出时多找机会做低重力移动训练。

极端温度 🌡

由于土星的大部分卫星都是冰卫星，它们通常具有超级明亮的表面，可以反射 80% 以上的阳光。事实上，它们反射出太多的阳光，使得它们不会吸收太多的热量。再加上它们的位置远离太阳，所以它们的表面温度极低，通常不会高于 -200℃，只有恩克拉多斯的南极裂缝是例外。因此，如果你想短途旅行，你需要学会使用特殊的热增强太空服。头盔中的偏光遮阳板可以帮助你应对所有超亮冰面引起的眩光。

不要错过……

在恩克拉多斯间歇泉间跳跃 📷 👥

位于恩克拉多斯南极附近的强大间歇泉向地表提供免费的深层地下海水"样品"，以支持恩克拉多斯站活跃的科研团队。利用透明底部的航天飞机技术的一些最新进展，你和你的家人可以随研究人员从

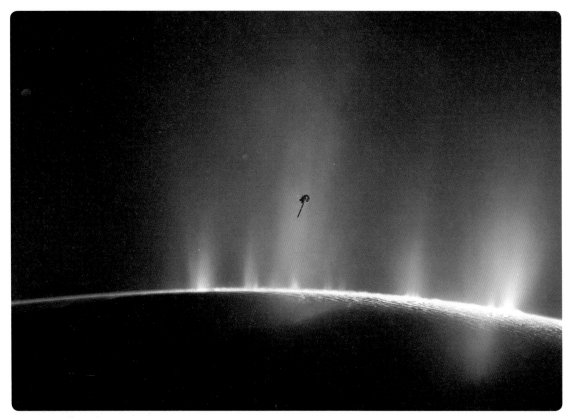
艺术家笔下的卡西尼号航天器，穿过恩克拉多斯强大的水蒸气喷流的神奇飞行。

一个间歇泉跳到另一个间歇泉，在靠近每个间歇泉的地方依次采样。这些喷流很强大，幸运的是，它们的爆发是可以预测的，在土星环的背景下，喷流闪耀着光芒，这种景象非常迷人。其中最大的一个间歇泉叫"冷忠实"（Cold Faithful）。

恩克拉多斯站的公众科学 📷 🎿 ⛰ ✖

对于想主动参与正在进行的研究的生态旅游者来说，恩克拉多斯站上还是有许多机会的。例如，你可以随科学家远足到著名的"虎斑"，在那里你可以帮助收集新生的间歇泉沉淀物样品。或者你可以穿越横跨恩克拉多斯冰冷的地壳的巨大冰洞，进行徒步旅行，帮助收集和记录更久远的地质时代的样本。你甚至可以在几个台站的实验室工作，用数十年的冰和水样本搜索所谓的生物指标的证据——有机分子的微小碎片或其他化学信号可能有助于推动在恩克拉多斯上寻找生命。

参观冰卫星 👫 📷 ⛰ ⬡

土星最大的六颗冰卫星中，每颗都有各不相同且令人着迷的地质历史，并且每颗卫星都呈现了独特而美丽的地貌，都非常值得旅游。所以，不要只限于泰坦和恩克拉多斯：借此机会也要参观忒堤斯（土卫三）和米玛斯（土卫一）——后者让人想起了"星球大战"系列电影中的死星景象——巨大撞击盆地和中心山峰，在伊阿珀托斯（土卫八）赤道

| 瑞亚 | 伊阿珀托斯 | 狄俄涅 | 忒堤斯 | 米玛斯 |

另外五个冰卫星——瑞亚、伊阿珀托斯、狄俄涅、忒堤斯和米玛斯（图中卫星的尺寸不是真实比例）——提供了在土星系统中额外观光和游览的机会。其中瑞亚最大，直径1526千米，米玛斯最小，直径396千米。

凸起的墨黑斑点上远足，透明底部的航天飞机航行在狄俄涅（土卫四）深邃细小裂缝上方，乘坐六轮过山车惊险滑行穿越崎岖不平的瑞亚（土卫五）地形。如今仅有几家旅游公司提供这些短途旅行的机会。虽然由于没有住宿，待在这些独特星球上的时间会相对短暂，但多样化的体验绝对会使你的旅行更有意义。

到达那里

参观恩克拉多斯或土星的其他冰卫星都会面临与参观泰坦或土星环相同的挑战：旅行时间长、来回机会少、成本通常较高。然而，在冰卫星上的低引力和没有大气意味着登陆这些天体比登陆泰坦容易。大多数游客通过主太空航班抵达土星的轨道，然后使用当地的飞船前往恩克拉多斯站和其他冰卫星目的地。泰坦和恩克拉多斯是土星唯一拥有研究站的冰卫星，因此具体的着陆点和游览选项因旅游公司而异。

漫游博物学家服务。自然行走、滑冰、越野滑雪、篝火晚会等节目。恩克拉多斯冷忠实行星公园，联合国外行星部。恩克拉多斯站的研究人员为想要亲身体验这个卫星上巨大的水蒸气间歇泉的游客提供许多短途旅行的机会。

恩克拉多斯和土星冰卫星的探测历史

- 1671 年—1684 年：意大利天文学家乔凡尼·卡西尼发现伊阿珀托斯、瑞亚、忒堤斯和狄俄涅
- 1789 年：英国天文学家威廉·赫歇尔（William Herschel）发现恩克拉多斯和米玛斯
- 1980 年—1981 年：旅行者 1 号和旅行者 2 号首次获得土星、土星卫星和土星环的高分辨率图像
- 2004 年：卡西尼号机器人太空飞船成为首个进入环绕土星转动的轨道的飞行器
- 2006 年：从卡西尼号探测器的数据中发现了恩克拉多斯上的羽毛状水蒸气喷流
- 2052 年：机器人首次登陆恩克拉多斯，并带样本回地球
- 2135 年：人类首次登陆恩克拉多斯
- 2176 年：建立恩克拉多斯站
- 2206 年：研究人员用机器人潜水器到达恩克拉多斯地下海
- 2218 年：恩克拉多斯站增加旅游机会，游客人数也相应增加

土星冰卫星旅游攻略

恩克拉多斯站的住宿条件很好，但仍处于初级阶段，最近才有了观光站内的新酒店。在站内，你找不到花哨的水疗中心或夜总会，但你会收获一个深入外太阳系的科学研究基地服务的机会。在冰卫星上至今还没有其他的基地，所以你的飞行器会落在主要的地质景点附近，然后再回到原先航班上或恩克拉多斯站。除了恩克拉多斯间歇泉之旅和其他冰卫星上的短途旅行之外，游客还可将重点放在"观看土星"上。这颗大行星的云彩和壮丽的土星环不断变化的颜色、形状和景色都非常引人入胜。

当地风情

恩克拉多斯站的研究人员最近开展了一项名为间歇泉滑翔的新活动。从本质上讲，就是一个人毅然跳入一个活跃的间歇泉喷流中，并且随超音速流（每小时超过 1 600 千米）迅速（有时剧烈地）飞过。特殊翼式航天服可以在飞机内部进行适度的转向和定向控制，并且可以发射特殊的火箭附件以逃离水流并返回表面。迄今这仍是一项私人的、非政府认可的和有潜在危险的活动（一些研究人员曾严重受伤），但传闻有很多寻求刺激的游客为获得参与机会而支付了大量费用。

跟随科学家导游，走向壮观的恩克拉多斯间歇泉！

A ONCE IN A LIFETIME GETAWAY

THE GRAND TOUR

JUPITER / SATURN / URANUS / NEPTUNE
EXPERIENCE THE CHARM OF GRAVITY ASSISTS

EVERY 175 YEARS

NOW BOARDING

14

参观天王星、海王星和冥王星

英国天文学家威廉·赫歇尔爵士 1781 年发现了天王星,这立刻将人类所知的太阳系的尺度扩大了一倍。天王星与太阳的距离约是地球与太阳距离的 19 倍,是土星与太阳距离的两倍多。在此之前,土星一直被认为是太阳系中距离最远的行星。接着,1846 年海王星被发现(由法国和英国天文学家分别独立发现),太阳系的范围再次扩大到 30 个天文单位(地球到太阳的距离的 30 倍)。到 1930 年,人们发现了经典望远镜时代的最后一个主要行星体冥王星,太阳系的规模再次跃升至 40 个天文单位。这些距离确实是天文数字(40 个天文单位差不多是 60 亿千米),所以相较于接近太阳的天体来说,针对外太阳系的这些暗弱天体的探索比较少。

对页:一生一次的逃离旅行,在木星/土星/天王星/海王星体验引力的魅力。每 175 年才有一次,抓紧机会,现在登机!重新创建 20 世纪著名的旅行者 2 号航天探测任务,注册参加新的到外太阳系大巡航之旅!

令人高兴的是，到天王星、海王星、冥王星和冥王星以外其他柯伊伯带上的小天体的冒险之旅为有耐心和好奇心的太阳系旅行者提了真正的科学和探索机会。如今，生态旅游已成为外太阳系研究的一个重要组成部分，它不仅为新地质学、大气科学和其他空间探索提供资金，还为这些长途旅行配备了研究人员。有兴趣在天王星的冰卫星上跳崖吗？想亲眼看看特里同（Triton，海卫一）的氮冰间歇泉吗？有想在冥王星粉尘山上滑雪的冲动吗？在航程中参加行星测绘、勘探地球物理学或野外地质学课程，在抵达目的地时，你就是专家了。

去前准备

如果你计划参观土星之外遥远的外太阳系中任何一个天体，你需要做好准备迎接以下挑战。

很长很长的旅行时间 🕐

在很久以前人们就已经认识到了太阳系的庞大规模，当时第一颗空间探测器花了 9 年的时间才到达冥王星（发射于 2006 年）。由于推进技术的进步，旅行时间通常比 21 世纪的旅行时间要短，但到土星以外目的地的旅行时间仍以年计算，而不像到达大多数内太阳系目的地只需几个月或几周。这种天体力学上的现实含义是，一旦你上船，你将无法改变主意。在你离开之前，你需要确保自己对住宿、餐饮、娱乐以及船员和船上提供的其他服务感到满意。

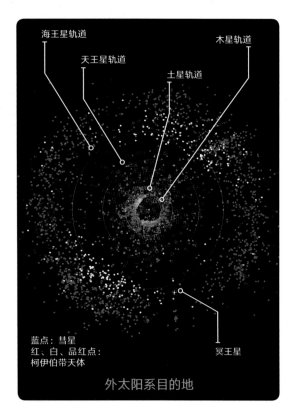

蓝点：彗星
红、白、品红点：
柯伊伯带天体

外太阳系目的地

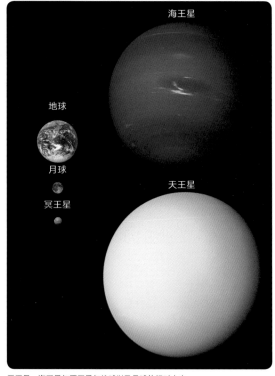

天王星、海王星与冥王星与地球以及月球的相对大小

外太阳系基本概况

星体类型

天王星、海王星：气体巨行星；冥王星：小的冰、
岩石行星

✳

离太阳距离

天王星平均 19.2 AU，即约 29 亿千米

海王星平均 30.1 AU，即约 45 亿千米

冥王星平均 39.5 AU，即约 59 亿千米

✳

离地球距离

比上述距离仅少 1~2 AU

从地球旅行的时间

最少 4 个月到天王星，6 个月到海王星，8 个月
到冥王星。但是低速飞船的飞行时间可以长达以
上时间的 5 倍。

✳

直径

天王星：51 120 千米，地球直径的 4 倍

海王星：49 246 千米，地球直径的 3.9 倍

冥王星：2 380 千米，不到地球直径的 20%

✳

精彩之处

天王星和海王星上绚丽的蓝绿大气，许多小冰卫星
以及几百个远离太阳的行星大小的类冥王星天体

平均温度

卫 星	白天最高温度		夜间最低温度	
	°F	°C	°F	°C
天王星（云顶）[a]	－ 357	－ 216	－ 357	－ 216
海王星（云顶）[b]	－ 310	－ 190	－ 360	－ 218
冥王星	－ 360	－ 218	－ 400	－ 240

a. 由于目前尚不清楚的原因，天王星大气中的热量似乎是均匀分布的，白天和夜间的温度
基本相同！

b. 与天王星不同，海王星内部产生惊人的热量，即使离太阳如此遥远，温度也不是特别低。

极端寒冷和黑暗 🌡️ 🚫👁️

天王星上的日光亮度只有土星亮度的 25%（只
有地球亮度的 0.3%）。在海王星和冥王星上，亮度更
低，平均不到土星的 10%，不到地球的 0.1%。其结

果是太阳看起来不比天空中的亮星亮多少，因此这
些遥远天体及周围的环境极其寒冷而黑暗。你的飞
船会有很好的保温和照明效果，但是如果你计划远
足，你会发现你的太空服特别庞大和笨重，因为它包

冥王星是行星吗？

考虑到我们现在对这个小而有趣的天体的认知，这似乎是一个疯狂的问题。然而，在 21 世纪初，天文学界对冥王星这样的小天体能否真的归为行星展开了激烈的争论。一些科学家认为行星的定义有三个标准：绕太阳运行的天体，其质量足以成为球形，已"清除"其他行星和小行星等的"邻近区域"。由于冥王星不符合第三项标准（例如海王星处于其"邻域"），因此它被称为矮行星。另一派科学家认为，应该根据行星的内禀特性来判断行星，即它们是什么，而不是它们在哪里。根据这种设定，像冥王星这样的天体，已经足够大而成为球形，具有复杂的内部和地质演化（包括形成核心、地幔和地壳），并且具有大气和五个卫星，有充分的资格归类为行星。事实上，如果根据这些特性给太阳系天体分类，那么你会吃惊地发现有超过 50 颗行星可以探测，其中包括许多巨型行星的大卫星——当然是以其他名字出现的。

含所有必要的保温材料和照明电池。幸运的是，你有充足的时间练习如何使用设备和规划远足路线。

不要错过……

纵身跳下米兰达（天卫五）上的维罗纳断崖

天王星在绕太阳轨道旋转时倾斜度大，因此天王星的五个冰卫星围绕蓝绿色、富含甲烷气体的巨型行星以靶心模式运行。也许由于太阳系形成早期的巨大的撞击，或者其他某种灾难性事件，天王星呈奇怪的倾斜状态，它的冰卫星展现出各种各样的构造地貌，如峡谷、低谷、悬崖和山脊等。其中最壮观的是米兰达（Miranda）上巨大的冰崖，米兰达是天王星最内层和最小的卫星。小米兰达（直径不到 480 千米）看起来像是被打碎过，然后所有的部分被混乱地组装在一起。在某些地方，"重新组装"的部分形成陡峭的冰悬崖，其中最高的可高达 5~10 千米。这里的重力只有地球重力的 0.8%。加入研究小组探索这个小天体的表面，可以从太阳系中最高的悬崖（即维罗纳断崖）上跳下。当你下落的时候，会有大约 8 分钟的下落时间，因此你将有足够的时间观赏周围的美丽景色，直到你轻轻地落到柔软的气囊中。

特里同（海卫一）间歇泉远足

1989 年旅行者 2 号飞越期间，最大的惊喜之一是发现了海王星的大卫星特里同（直径 2 720 千米，约为月球直径的 75%）表面有活跃的间歇泉。由于特里同在距离太阳很远的地方，其温度仅比绝对零度高几十度，应该不会有内部地质活动。然而，这里有大量的氮气从表面裂缝中喷出，随大风上升到稀薄的大气层中。科学家们热衷于研究这些间歇泉，因为它们提供了一种了解特里同内部物质和条件的方式。快穿上升级版的加热太空服，加入研究团队，沿着最大的裂缝徒步，欣赏壮观的间歇泉的爆发吧。

当飞船在海王星的高层大气中掠过时，云、雷暴和蓝天会让你想起地球上的天空。

冥王星滑雪！ 👫 🏃 📷 ⛰

在 2015 年新视野号执行飞越任务之前，大多数行星科学家认为，比特里同小得多离太阳更远的冥王星几乎没有地表活动。然而，小冥王星证明他们都错了，这次偶然的飞越证明冥王星地表活动活跃，还发现了地壳运动、冰火山爆发、撞击坑和侵蚀形成的丰富地质历史的证据。其中最令人惊讶的特征是高高的冰山，位于由氮气、甲烷和一氧化碳组成的冰层上方。对冥王星进行的早期科学考察发现，粉状雪覆盖着这些山脉，加上相当大的重力（约为地球重力的 6%），这里有木星系统之外最好的滑雪条件。你可以加入一个表面采样的科考团队，穿上特别的冥王星滑雪装备，然后向下俯冲！

到达那里

直到 22 世纪末期，都只有通过预订大概每 5 年出发一次的航班，才能到达土星以外的太阳系。然而，最近几家旅游公司已经开始提供特别专注于

巨大而陡峭的悬崖布满天王星的小卫星米兰达的表面。在这里，名为维罗纳断崖的悬崖高出周围冰平原 5 千米。

冒险旅行的大旅游体验，其中包括重要的研究和探索。无论如何，你都必须长期签约，至少用 5 年时间（往返）才能远航到遥远的外太阳系，而对于天王星和海王星来说，这样的机会需要 10 年或更长的时间。如果你有时间，这是一个去探索太阳系边界星球的好机会。

上图：海王星最大的卫星特里同表面的氮冰间歇泉，从特里同的表面看太阳只是太空中一颗明亮的星星。

下图：明亮的冥王星及其较小、较暗的卫星卡戎（Charon）是2015年新视野号飞越任务的主要目标。

天王星、海王星和冥王星旅游攻略

你所乘坐的研究飞船或航班将是你至少5~10年的家外之家，所以请仔细研究住宿和餐饮选择，以确保它们合你心意。典型的科学研究飞船上的休闲选择范围有限，不过之前的游客已经对飞船上出色的音乐、戏剧和艺术表演作出反馈。航班的选项包括职业艺人和更多的餐饮和俱乐部选择。当然，所有这些长期飞船都提供锻炼和健身活动；即使在飞船慢速旋转运动产生的伪重力的情况下，你仍然能保持形体并为了到达各种最终的低重力目的地而训练。

当地风情

由于目前可以获得超越土星的外太阳系旅行的机会有限，航班上的乘客主要由退休人员和其他确认这次旅行最终可能成为单程的人构成。在这些长途旅行中过世的乘客（或机组人员）会得到一场"海上葬礼"，这参照了地球上那些长期航海的水手的传统仪式。但这不是什么病态的仪式，而是由旅客的家人（或事先得到医疗指示的旅客本人）要求的作为庆祝旅行愉快和生活美好的仪式。

天王星、海王星和冥王星的探测历史

○ 1781 年：威廉·赫歇尔发现天王星（通过望远镜发现的第一颗行星）

○ 1846 年：于尔班·勒威耶（Urbain Le Verrier）、约翰·加勒（Johann Galle）和约翰·柯西·亚当斯（John Couch Adams）发现海王星

○ 1930 年：美国天文学家克莱德·汤博（Clyde Tombaugh）发现冥王星

○ 1986 年：旅行者 2 号成为第一个研究天王星及其卫星和环的机器人探测器

○ 1989 年：旅行者 2 号成为第一个研究海王星及其卫星和环的机器人探测器

○ 1992 年：在海王星和冥王星轨道外发现第一颗冥王星大小的柯伊伯带天体

○ 2015 年：新视野号成为第一个研究冥王星及其卫星的机器人探测器

○ 2019 年：新视野号邂逅柯伊伯带天体 2014 MU69

○ 2054 年：旅行者 3 号机器人探测器成为第一个天王星轨道飞行器

○ 2065 年：旅行者 4 号机器人探测器成为第一个海王星轨道飞行器

○ 2077 年：旅行者 5 号探测器挂载的一对机器人着陆器在冥王星和其大卫星卡戎（冥卫一）上着陆

○ 2115 年：边界 1 号（Frontier 1）探测器成为第一个载人、飞越天王星、探测天王星大气层、取样返回的探测器

○ 2117 年：边界 1 号载人探测器开展海王星飞越、大气层探测并取样返回

○ 2160 年：人类首次登陆冥王星和卡戎

○ 2190 年：开始天王星和海王星系统每 10 年两次的常规研究巡航

○ 2218 年：大旅行游客巡航开始，提供木星、土星、天王星、海王星和冥王星系统长达十年之久的飞越

太阳系外航行：TRAPPIST-1 恒星及以外的恒星！

对于大多数旅客来说，我们的太阳系中有许多奇观值得去看一看。但是，如果幸运的话，你可以到太阳系以外旅游。20 世纪后期以来，天文学家一直在探测系外行星——围绕我们太阳以外的恒星转动的行星——并认为可能有数百万其他相对临近的行星等待探索。有些是类地行星，可以想象，那里如同我们知道的那样，是生命宜居的，另一些是气态巨行星、冰巨行星或其他我们无法想象的系外行星（和卫星）。

对页：TRAPPIST-1E 行星在地球 12 秒差距内最佳"宜居带"度假地。想象一下，你可以进行从一个类地行星到另外六个行星的旅程，真是难以置信。

在这些遥远的天体中，最令人兴奋的是围绕恒星 TRAPPIST-1 旋转的系外行星系统。这颗 TRAPPIST-1 恒星本身是一颗暗淡且相当不起眼的红矮星，距我们的太阳系大约 40 光年（约 378 万亿千米）。2015 年，天文学家发现了三颗地球大小的行星环绕这颗恒星，到 2017 年天文学家发现的类地行星数目上升到 7 颗。在 21 世纪剩下的大部分时间里，天文学家竭尽全力研究这些天体，希望知道这几个行星的大气层是否含有生命必须气体，如氧气和臭氧等。目前，地球上和附近空间的望远镜的分辨率还不足以分辨这些天体的特征，以及确定它们上面是否存在生命。

2080 年，一个国际空间机构联盟向 TRAPPIST-1 系统发射了第一个机器人探测器奥德赛 (Odysseus)。该探测器使用核动力和太阳帆技术（solar-sail

上图：自发现以来的大部分时间里，关于红矮星 TRAPPIST-1 的七颗地球大小的行星仅观察到为微弱的光点。什么时候我们才能看到这些天体的真实面貌呢？

下图：在 TRAPPIST-1 系中发现的七颗类地行星（顶部）与我们太阳系中的四颗类地行星（底部）比较。

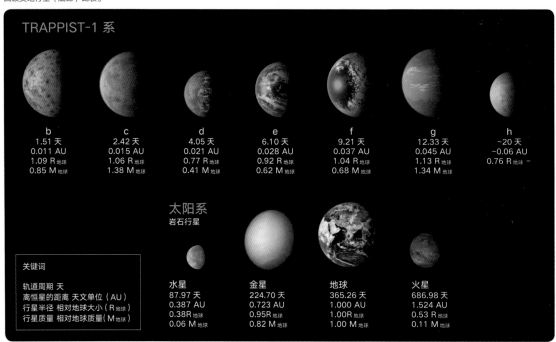

TRAPPIST-1 系

b	c	d	e	f	g	h
1.51 天	2.42 天	4.05 天	6.10 天	9.21 天	12.33 天	~20 天
0.011 AU	0.015 AU	0.021 AU	0.028 AU	0.037 AU	0.045 AU	~0.06 AU
1.09 R地球	1.06 R地球	0.77 R地球	0.92 R地球	1.04 R地球	1.13 R地球	0.76 R地球
0.85 M地球	1.38 M地球	0.41 M地球	0.62 M地球	0.68 M地球	1.34 M地球	-

太阳系
岩石行星

水星	金星	地球	火星
87.97 天	224.70 天	365.26 天	686.98 天
0.387 AU	0.723 AU	1.000 AU	1.524 AU
0.38R地球	0.95R地球	1.00R地球	0.53 R地球
0.06 M地球	0.82 M地球	1.00 M地球	0.11 M地球

关键词

轨道周期 天
离恒星的距离 天文单位（AU）
行星半径 相对地球大小（R地球）
行星质量 相对地球质量（M地球）

TRAPPIST-1 系统基本概况

星体类型

类地行星

共有 7 颗围绕红矮星运动，红矮星尺寸与木星相当但比木星重，约为太阳质量的 8%

✳

离 TRAPPIST-1 距离

行星离寄主星的距离为 170 万~890 万千米，公转一周只需要 1.5 个地球日到 19 个地球日。如果把这 7 颗行星移到我们太阳系，那么它们的轨道在水星轨道内。

✳

离地球距离

约 40 光年（378 万亿千米）

从地球出发的旅行时间

80~150 年（根据推进技术不同，时间不同）

✳

直径

这 7 颗行星的直径在比地球小 23% 到比地球大 13% 范围内

✳

精彩之处

第一次在太阳系外多个宜居类地行星上发现地外生命！

平均温度

TRAPPIST-1 planet	离寄主星的距离 （单位：AU，1 AU=15 000 万千米）	白天平均温度	
		°F	℃
b	0.011	261	127
c	0.015	156	69
d	0.021	59	15
e	0.028	− 8	− 22
f	0.037	− 65	− 54
g	0.045	− 101	− 74
h	0.060	− 157	− 105

technology）加速到接近光速的一半，2170 年探测器抵达了 TRAPPIST-1，可是包含探测器图像和其他数据的无线电信号（以光速行进）还需要 40 年时间才能返回地球。虽然这些探测结果现在已经是常识了，但在 2210 年收到时还是非常令人惊叹的：探测证据表明 TRAPPIST-1 周围 7 个地球大小的行星中至少 3 个有厚厚的、可能可呼吸的大气，复杂地质以及植被。但是，限于目前的太阳系探测条件，我们对这些行星的了解非常有限，不清楚在这些行星上是否有智慧生物。尽管该探测器花了大约一个小时的时间快速飞过 TRAPPIST-1 系，但它没有探测到明确的外星无线电信号。

在 TRAPPIST-1 星系中发现地外生命（至少是植物或微生物）的意义是唤醒了许多科学家和探险家希望进行一次邻近太阳系航行的愿望。接着会发生什么呢，一个国际团体已经宣布计划在十年内推出地球 2.0 号（Earth 2.0）。这是一艘改装的航天飞机，可以将一千多人带到 TRAPPIST-1 星系。所以，毫不夸张地说，这是你摆脱一切的最好机会，作为大胆地努力将人类扩张到其他恒星系统的一部分，

名字里有什么？

20 世纪 90 年代后期，全天候红外望远镜巡天发现了数百万颗冷红矮星，其中一颗在水瓶座中叫 2MASS J23062928-0502285。21 世纪初的天文学家认为它是一颗相对较近的恒星（对于天文学家来说，40 光年就是"相对近"了），它是凌星行星和星子小型望远镜（TRAPPIST）行星搜寻项目的目标之一。尽管巡天所用的望远镜都位于智利，但执行该项目的天文学团队驻扎在比利时，所以这个缩写也是为了纪念比利时特拉普派宗教秩序的传统（可能因特拉普啤酒的生产而闻名）。由于 2MASS J23062928-0502285 是该项目中发现拥有行星的第一颗恒星，因此团队决定非正式地把这颗恒星重命名为 TRAPPIST-1，并且该名字一直被沿用。

这不仅仅是一生的航程，也可能是会搭上你孩子和孙辈一生（这次旅行将需要几代人）的旅程。这是一场终极度假！

地球 2.0 的内部构造模仿殖民地或小城镇的布局，社区、娱乐设施和农业空间分布在飞船旋转的环上。

地球 2.0 星舰的初步设计概念基于数百年来 NASA 关于星际航天器系统设计的研究。

如果它们属于太阳系，那么 TRAPPIST-1 系统中的 7 个类地行星与太阳的距离比水星与太阳之间的距离还要近。

去前准备

如果你打算申请地球 2.0 号航天飞机（人类首次计划用于星际旅行的"星舰"）上的座位——目前它还在建造之中，用作飞向 TRAPPIST-1 的历史之旅，你要做好准备迎接以下挑战。

超长时间的旅行 🕐

尽管采用最新的推进技术可以尽可能提高速度，但项目规划人员仍然认为，地球 2.0 号至少需要 80 年时间才能到达 TRAPPIST-1 星系，如果技术不达标，那么可能 80 年后都不能抵达。这意味着，除非在任务启动时你还是个孩子，否则终其一生你都不可能抵达系外行星。事实上，旅途时长甚至可能穷尽你的孩子的一生。所以你要采取多代人的思维方式，因此这个航班的很多舱位都优先给有年幼子女或有生育计划的夫妇。如果你是一位年长的旅行者，你仍然会被接受；但请确保在地球上已经完成了你的遗产规划，并准备让地球 2.0 号成为你永久的新家。

与世无争 ❗

永久性移动到太空中的游轮般的侨居地可能听起来令人兴奋，但缺乏关于"还有哪些人将到来"以及船上将提供什么类型的娱乐和餐饮选择的具体细节，只有当你准备好让自己忙碌起来、有事情可做时，你再申请。事实上，来自手艺人、艺术家、作家、音乐家、教师和具有特定技能的运动员的申请很可能会优先批准。仔细想想你将如何度过你的时间，因为一旦你出发前往 TRAPPIST-1，就几乎没有回头路。

不确定的目的地 ❗

尽管奥德赛飞越探测器在 2170 年快速飞越 TRAPPIST-1 星系时传回了惊人的行星图像和其他

到 TRAPPIST-1 的奥德赛探测器返回的（也许是最壮观的）图像显示了
TRAPPIST-1d 看起来有一个诱人而舒适的表面。人类能住在那里吗？

数据，但我们对这些天体的认知非常有限。因此，当地球 2.0 号在下个世纪的某个时候最终到达该星系时，还是要面临很大的风险，那些天体的真实情况可能不符合预期。如果在这些行星的某些大气中还有未被发现的有毒化合物会怎么样？如果地质活动过于活跃和猛烈会怎么样？如果存在敌对的生命形式（不管聪明与否）会怎么样？每个人（和他们的后代）都必须做好最坏的打算，而且任务设计人员也正在规划最坏的可能情况，在 TRAPPIST-1 星系中飞船本身可能需要作为人类的永久居所。尽管如此，大多数已经被选中的人都有一种乐观和激动的感觉，至少围绕 TRAPPIST-1 转动的其中一个行星最终可能变成真正的地球 2.0。

到达那里

前往 TRAPPIST-1 星系的航程将是你生命中最后一次度假，所以你一定要好好珍惜。巨大的多代宇宙飞船地球 2.0 号类似长时间飞行的航天器，但增加了额外的设施和设备，用以补给这超长的航程。其中包括一个可以使飞船的人造重力水平大致与地球的重力相当的中速转子，模拟地球上居民区外观的、待在行星表面时如同待在地球上户外环境的住房和城市空间，以及可以种植用以维持粮食供应的农作物的广阔农业区。由于不可能将一个世纪之久（甚至更长）的航程所需的一切都带入太空，而且获得补给的机会仅仅局限于一些偶尔路过的流浪小行星或彗星，因此对空气、水和废物的回收和再处理

奥德赛飞越探测器的数据表明，TRAPPIST-1 星系的 7 个类地行星中第五个行星上观测到的日落景观可能与此类似。

的要求非常高。事实上，地球 2.0 号上的可持续性技术对地球居民来说也是非常有益的。

TRAPPIST-1 旅游攻略

星际飞船将成为你的新家，也是你的孩子甚至你的孙子的唯一家园，依据 TRAPPIST-1 中行星的真实情况，也可能是每个人永远的家园。因此，在这次史诗般的航行中要做的事情取决于你自己的职业、兴趣爱好以及你的同行乘客和机组人员。任务设计师在飞船上创造空间，企业、俱乐部和娱乐设施将根据人们的兴趣和需求应运而生。从某种意义上说，飞船上的生活类似太阳系其他地方新建立的殖民地或基地，只是没有离开或者去访问其他地方的可能。

当地风情

虽然细节仍有待最后确定，但核动力推进极有可能将被用于上半程加速直到飞船速度接近光速的一半，然后在下半程减速最终抵达 TRAPPIST-1 星系的中心。因此，正如爱因斯坦的狭义相对论解释的那样，你和与你同行的旅客拥有的一个优势就是，你们的时间比地球上的时间慢15%。也就是说，如果地球上观测到这次旅行结束时过了 80 年，其实在星舰上只有 68 年。未来的星际航行可能会以更接近光速的速度行驶，飞船上人员所经历的时间将比地球上的时间慢，这令人类的星际旅行更具可行性。

这是 TRAPPIST-1 星系的七个类地行星中其中一个的可能的影像。

系外行星发现历史

- 1600 年：意大利天文学家、哲学家乔达诺·布鲁诺（Giordano Bruno）提出在其他恒星周围有宜居行星的可能性而被烧死
- 1992 年：在我们太阳系外发现第一颗行星，在离我们约 2 300 光年远的一颗脉冲星（超新星爆炸后形成的高密度、快速旋转的恒星状遗迹）周围绕转
- 1995 年：在正常的类太阳恒星周围发现第一颗太阳系外行星
- 2009 年：开普勒空间望远镜开始探测临近恒星的地球大小的行星
- 2018 年：詹姆斯·韦伯空间望远镜（James Webb Space Telescope）发射，开始探测系外行星大气
- 2050 年：离太阳 100 光年内的已知系外行星数超过 100 000 颗

- 2067 年：新行星猎人空间望远镜（New Planet Hunter space telescope）数据提供了三个 TRAPPIST-1 的行星中有水蒸气和高水平的氧气和臭氧的证据
- 2080 年：向 TRAPPIST-1 星系发射奥德赛机器人探测器
- 2170 年：奥德赛探测器高速飞越 TRAPPIST-1 系（飞越约 1 小时）
- 2210 年：地球上收到奥德赛的数据；在三颗行星上发现生命的证据！
- 2218 年：地球 2.0 号开始建造，这是一个多代星舰，计划在 24 世纪的某个时候运载 1000 人（及其后代）到 TRAPPIST-1 星系上

右图：来自第一颗系外行星的问候。也许有一天，会有星舰降落到人们（早在 1995 年）发现的第一颗太阳系外行星上，一颗被称为 51 Pegasi b 的气体巨行星，距我们的太阳系约 50 光年。

延伸阅读

The facts, statistics, and other information about the exciting travel destinations described in this guide are based on results gleaned from the long history of telescopic and spacecraft exploration of our solar system (and beyond). The additional resources listed below can provide you with even more in-depth details about what it would be like to visit these worlds.

引言

Take an online tour of the solar system at the Nine Planets web site: nineplanets.org.

Curious about astronomy in general? Visit the Ask an Astronomer web site at curious.astro.cornell.edu.

Need to check the facts on the latest astronomy news? Check out Phil Plait's *Bad Astronomy* blog: www.syfy.com/tags/bad-astronomy.

To learn more about the NASA/JPL *Visions of the Future* space exploration posters featured in this book, visit www.jpl.nasa.gov/visions-of-the-future/about.php.

第1章：在月球上过周末

For more technical details on place-to-place and hour-by-hour temperature variations on the Moon, see the article www.space.com/18175-moon-temperature.html as well as the website for the NASA instrument called Diviner (www.diviner.ucla.edu) that has measured the temperature of the Moon's surface from orbit.

For a full list of and details on all of the early US *Surveyor* and USSR *Luna* robotic missions, see en.wikipedia.org/wiki/Surveyor_program and en.wikipedia.org/wiki/Luna_programme.

For more details about efforts to preserve the historic nature of the first human-landing sites on the Moon, see the following NASA document: www.nasa.gov/sites/default/files/617743main_NASA-USG_LUNAR_HISTORIC_SITES_RevA-508.pdf.

For more details about the physics behind *Apollo 14* astronaut Alan Shepard's golf experience on the Moon, check out astrophysicist Ethan Siegal's blog post at scienceblogs.com/startswithabang/2010/10/02/could-you-really-hit-a-golf-ba.

第2章：在金星上升温

For more details on the early history of robotic exploration of Venus, see the website *Venera: The Soviet Exploration of Venus* by Don Mitchell at mentallandscape.com/V_Venus.htm.

For a more general compilation of *all* Venus missions to date, see The National Space Science Data Center's chronology of Venus exploration, at nssdc.gsfc.nasa.gov/planetary/chronology_venus.html.

A wonderful and readable personal account of Venus exploration can be found in planetary scientist David Grinspoon's book *Venus Revealed: A New Look Below the Clouds of Our Mysterious Twin Planet* (Basic Books, 1998).

第3章：在水星上翱翔

Planetary scientist Robert Strom has written an engaging book on the history of observations of the first planet from the Sun in *Mercury: The Elusive Planet* (Cambridge University Press, 1987).

NASA's *MESSENGER* Mercury orbiter mission (the acronym stands for MErcury Surface, Space ENvironment, GEochemistry, and Ranging) maintains a detailed account of the history of the mission and its results at messenger.jhuapl.edu.

第4章：在火星上过暑假！

The Planetary Society, the world's largest public space-advocacy organization, hosts information about the latest Mars science and missions to Mars at www.planetary.org/explore/space-topics/space-missions/missions-to-mars.html.

A detailed chronology of the exploration of Mars by all of the world's space agencies can be found at nssdc.gsfc.nasa.gov/planetary/chronology_mars.html.

For photos and stories about the first long-range Mars rovers, *Spirit* and *Opportunity*, check out my books *Postcards from Mars: The First Photographer on the Red Planet* (Dutton, 2006) and *Mars 3-D: A Rover's-Eye View of the Red Planet* (Sterling, 2008).

Mars: The Pristine Beauty of the Red Planet (University of Arizona Press, 2017) by planetary scientist Alfred McEwen and colleagues showcases some of the most spectacular orbital views of the surface of the Red Planet ever acquired.

第5章：实地考察福波斯

Astronomer Asaph Hall's discovery of the moons of Mars is described in detail in "The Discovery of the Satellites of Mars" (*Monthly Notices of the Royal Astronomical Society*, vol. 38, pp. 205–9, 1878), which is available online at tinyurl.com/9cy46pc.

第6章：得摩斯上的抒情爵士乐

Detailed mosaics and maps of Deimos, Phobos, and many other irregularly shaped small worlds are available from planetary scientist Phil Stooke's NASA Planetary Data System website at pds.nasa.gov/ds-view/pds/viewDataset.jsp?dsid=MULTI-SA-MULTI-6-STOOKEMAPS-V2.0.

第7章：近距离接近近地小行星

Astronomer Jacqueline Mitton and I co-edited a book describing the mission and results from the NASA *NEAR Shoemaker* spacecraft's voyage to the *Near-Earth Asteroid Eros: Asteroid Rendezvous: NEAR Shoemaker's Adventures at Eros* (Cambridge University Press, 2002).

Three different feature-length theatrical films were made in Japan about the dramatic story of *Hayabusa*, the first spacecraft to visit the near-Earth asteroid Itokawa. See, for example, the Internet Movie Database entry for *Hayabusa: The Long Voyage Home*, at www.imdb.com/title/tt1825130.

The *Wikipedia* page on Apophis (en.wikipedia.org/wiki/99942_Apophis) provides an enormous amount of information and detail about previous and future close passes of this Potentially Hazardous Object to Earth.

第8章：晒晒太阳！

A great general introduction to the way that stars like the Sun work can be found in astronomer James Kaler's book *Stars* (Scientific American Library, 1992).

NASA and the European Space Agency jointly operate the Solar and Heliospheric Observatory (SOHO) mission that monitors the Sun from space. Details and spectacular photos, movies, and other data can be found here: sohowww.nascom.nasa.gov.

Vladimir Bodurov has developed a fun and educational online application that lets you fly around and view the stars in the Sun's neighborhood: www.bodurov.com/NearestStars.

第9章：主小行星带之旅

For more details about the geology and chemistry of Vesta, see my articles "Dawn's Early Light: A Vesta Fiesta!" and "Protoplanet Closeup" in the November 2011 and September 2012 issues of *Sky & Telescope* magazine.

For the latest images and other results from the NASA *Dawn* mission that orbited both Vesta and Ceres, see dawn.jpl.nasa.gov.

Arizona State University's School of Earth and Space Exploration runs the *Psyche* mission, the first spacecraft to visit a metallic asteroid. Find out more details here: sese.asu.edu/research/psyche.

第10章：探索木星和大红斑

To learn much more about Jupiter and its rings, moons, and magnetic field, download a free 2007 NASA Special Publication called "Mission to Jupiter: A History of the Galileo Project," (by Michael Meltzer) from here: tinyurl.com/3gfnqge.

For photos and fun insider stories about the 1994 impact of comet Shoemaker-Levy 9 into the atmosphere of Jupiter, see *The Great Comet Crash: The Collision of Comet*

Shoemaker-Levy 9 and Jupiter, by John Spencer and Jacqueline Mitton (Cambridge University Press, 1995).

Planetary atmospheric scientist Andy Ingersoll's article "Atmospheres of the Giant Planets" provides lots more detail about the past, present, and likely future history of the Great Red Spot. The article appears as chapter 15 in *The New Solar System* (J. Kelly Beatty, Carolyn Collins Petersen, and Andrew Chaikin, editors; Sky Publishing, 1999).

第11章：参观欧罗巴和木星卫星

Nearly 200 telescopic and spacecraft views of Europa are featured on the NASA Planetary Photojournal's Europa search page, at photojournal.jpl.nasa.gov/feature/europa.

Planetary scientist Rick Greenberg's popular-science book *Europa—The Ocean Moon: Search for an Alien Biosphere* (Springer, 2005) provides a great history of how and why we know that there is a deep ocean residing under that moon's thin, icy crust.

Ganymede is the primary target of the European Space Agency's *Jupiter Icy Moon Explorer* or *JUICE* mission. Find out more at sci.esa.int/juice.

For a beautifully illustrated and highly informative book about the volcanoes of Io and other extraterrestrial worlds, check out *Alien Volcanoes* (Johns Hopkins University Press, 2008) by planetary scientist Rosaly Lopes and space artist Michael Carroll.

Planetary scientist Paul Schenk's *3D House of Satellites* blog (at stereomoons. blogspot.com/2009/10/galileo-4-moons-at-400-years.html) provides all kinds of photos, maps, and stories about what Callisto and Jupiter's other large moons are like up close.

第12章：泰坦和土星的美妙景象

NASA's *Cassini* spacecraft provided our first detailed, orbital views of Saturn and its rings, moons, and magnetic field. Check out spectacular images and other data from the mission at saturn.jpl.nasa.gov.

Photos and other information about Saturn's rings, as well as the ring systems around the other giant planets, can be found on the NASA Planetary Data System's "Ring-Moon Systems Node" at pds-rings.seti.org/saturn.

For an educational and highly readable account of the importance of studying Titan to understanding the history of our own home planet, see the article "The Moon That Would Be a Planet" by planetary scientists Ralph Lorenz and Christophe Sotin in the March 2010 issue of *Scientific American* magazine.

第13章：恩克拉多斯和土星冰卫星

Facts, photos, and details on the discovery of water-vapor plumes on Enceladus can be found on that moon's extensive *Wikipedia* page: en.wikipedia.org/wiki/Enceladus.

The home page of the NASA *Cassini* mission's Imaging Team at www.ciclops.org contains spectacular images of all the other sizeable, icy moons of Saturn, as well as images of the rings and many smaller moons.

第14章：参观天王星、海王星和冥王星

Some popular-science and historical accounts of the *Voyager* mission and the first Grand Tour of the outer solar system can be found in historian Stephen Pyne's book *Voyager: Exploration, Space, and the Third Great Age of Discovery* (Viking, 2010), and my own book *The Interstellar Age: Inside the Forty-Year Voyager Mission* (Dutton, 2015).

Fascinating historical accounts of the discoveries of Uranus, Neptune, and Pluto can be found in *The Georgian Star: How William and Caroline Herschel Revolutionized Our Understanding of the Cosmos* (Michael Lemonick; W. W. Norton, 2009), *The Planet Neptune: An Historical Survey Before Voyager* (Sir Patrick Moore; Wiley, 1996), and "The Search for the Ninth Planet, Pluto" (Clyde Tombaugh; 1946—the article is online at tinyurl.com/8redhe8), respectively.

The website for the *New Horizons* mission at pluto.jhuapl.edu provides photos, stories, and other data from that spacecraft's historic first encounter with Pluto in 2015.

第15章：太阳系外航行：TRAPPIST-1恒星及以外的恒星！

The original NASA press release revealing the existence of seven planets orbiting around the star TRAPPIST-1 and providing additional background and details can be found at www.nasa.gov/press-release/nasa-telescope-reveals-largest-batch-of-earth-size-habitable-zone-planets-around.

Updated census counts of the currently known extrasolar planetary systems, including their physical and orbital characteristics, are maintained online from the NASA *Kepler* mission (www.nasa.gov/kepler/discoveries) and the *Extrasolar Planets Encyclopaedia*'s "Interactive Extra-Solar Planets Catalog" (exoplanet.eu/catalog).

Space artist Ron Miller's book *Extrasolar Planets: Worlds Beyond* (Twenty-First Century Books, 2002) provides a great introduction to the discoveries of planets beyond our solar system, as well as beautifully illustrated speculations about what those worlds could be like.

致谢

我衷心感谢在我创作这本书时为我提供帮助的太空艺术家和视觉传达大师们，是他们绘制了这本旅行指南中出现的奇特的、赏心悦目的插图和海报。感谢罗恩·米勒（www.black-cat-studios.com/）、泰勒·诺尔准（Tyler Nordgren，www.tylernordgren.com）和 NASA/ JPL "未来远景"（Visions of the Future）项目（www.jpl.nasa.gov/visions-of-the-future/about.php）的艺术家给本书写作带来的灵感。我还要感谢斯特灵出版社（Sterling Publishing）的梅雷迪斯·海尔（Meredith Hale）和梁琳达（Linda Liang）以及来自 Tandem Books 的凯瑟琳·福曼（Katherine Furman）和阿什利·普林（Ashley Prine），感谢他们在编辑方面和艺术方面给我的帮助。感谢 Dystel，Goderich & Bourret 的米迦勒·布雷特（Michael Bourret）的无限热情，以及我亲爱的朋友乔丹娜·布莱克斯伯格（Jordana Blacksberg），她已成为我永远的伴侣和女神——你们激励我梦想有这样美好的未来！

图片来源

Front cover (jacket) photograph: JDawnInk/
iStock
Back cover(jacket) photographs: NASA/
JPL-Caltech/University of Wisconsin (back-
ground); insets clockwise from top left:
NASA/GSFC/Arizona State University; ESA/
DLR/HRSC Team; NASA; Ron Miller (2);
NASA/JPL/Bjorn Jo
Endpapers a-d (front, left to right): NASA/JPL-
Caltech; ESO/M. Kornmesser
Endpapers e-h (back, left to right): NASA/KSC;
NASA/JPL-Caltech
AKG: © Universal Images Group/Sovfoto: 20 left
Alamy: Science History Images: 82 right; Stock-
trek Images, Inc.: 52
Jordana Blacksberg: jacket (author)
© Don Dixon: 31
ESA: DLR/HRSC Team: 40 top, back cover;
Hubble: v, 92, 95 right (plume); 97 bottom
© Fabled Creative/www.fabledcreative.com:
Maxwell Montes: 18 right
© Indelible Ink Workshop: xiv, 1, 72, 73
Courtesy of ISAS/JAXA: 69
iStock: © Devrimb: 60 (rider); © JDawnInk: cover;
© layritten: 60 (space); © StephanHoerold:
68 top

M. Kornmesser/ESO: 138, 140, endpapers
© Lynx Art Collection: 24, 25
© Ron Miller: 55, 63, 97 top, 105 top, 112, 113, 114,
123, 129 top, 130, back cover (x2)
© Don P. Mitchell: 19 bottom
NASA: iv, v, 5, 10, 11 bottom, 22, 23, 39, 42, 44
right, 61 bottom, 70, 77, 79, 99, 107 top, 116, 117,
118, 120, 121, 129 bottom, 131, 134, 137, 139, back
cover; DLR/Cornell University/Phil Stooke:
50; ESA/Hubble Space Telescope: 95 left;
ESA/J. Nichols (University of Leicester): 96;
Gordon Legg/Lunar and Planetary Institute:
40 bottom; GSFC/LROC/Arizona State
University: 2, 6, 8, back cover; JHU/APL:
30, 66; Johns Hopkins University Applied
Physics Laboratory/Carnegie Institution of
Washington: 29 bottom; JPL: v, 104 top; JPL/
ASU: 107 bottom; JPL/Bjorn Jonsson: back
cover; JPL-Caltech: xi, xii, 14, 15, 34, 35, 45,
56, 57, 80, 81, 90, 91, 124, 100, 101, 108, 109,
125, 132, 133, 136, 141, endpapers (x2); JPL-
Caltech/ASU: 43; JPL-Caltech/MPS/DLR/
IDA: 82 left; JPL-Caltech/SETI Institute: 102,
104 bottom; JPL-Caltech/Space Science
Institute: 110 top; JPL-Caltech/UCLA/MPS/
DLR/IDA: 84 top, 85, 89; JPL-Caltech/Uni-
versity of Arizona: iv, 53 left and top, 58, 60

top, 61 left and right; JPL-Caltech/University
of Arizona/University of Idaho: v, 110 bottom,
111; JPL-Caltech/University of Wisconsin:
throughout (milky way); Lunar and Planetary
Institute: 9; KSC: vii, viii, ix, endpapers;
NSSDC Photo Gallery/ESA Images: 20 right;
SWRL/MSSS/Jason Major: 94
Tyler Nordgren: 105 bottom, 121 bottom
© Jay Pasachoff/Williams College: 76
Peter Rubin/Iron Rooster Studios/ASU: v, 82, 86
Science Source: David P. Anderson, Southern
Methodist University/NASA: 19 top
Shutterstock.com: structuresxx: throughout
(Milky Way)
**Ted Stryk/Russian Academy of Sciences/Pho-
bos-2 mission:** 53 right
USGS Astrogeology Sciences: 16, 31
Courtesy of Wikimedia Foundation: Goodvint:
5 bottom; JHUAPLC/CIW/Jason Perry: iv, 28
middle, 29 top, 30; kelvinsong: 74; NASA: iv,
v, 18 left, 20 top, 28 left, 44 left, 68, 126 right;
NASA/Jet Propulsion Lab/USGS: 36, 128;
NASA/JPL-Caltech: 64; Gregory H. Revera:
iv, 6 top, 7 bottom, 8 bottom, 11 top, 13, 28
right; Space X: 41, 48, 49
© Gareth Williams/IAU Minor Planet Center:
84 bottom

©2018 by Jim Bell

Originally published in 2018 in the United States by Sterling, an imprint of Sterling Publishing Co.,
Inc., under the title *The Ultimate Interplanetary Travel Guide*. This edition has been published by
arrangement with Sterling Publishing Co., Inc., 1166 Avenue of the Americas, New York, NY, USA,
10036 through the Andrew Nurnberg Agency.

版贸核渝字（2018）第 013 号

图书在版编目（CIP）数据

星际旅行终极指南 /（美）吉姆·贝尔（Jim Bell）
著；郑建川，丁一译 . -- 重庆：重庆大学出版社，
2020.5
　书名原文：The Ultimate Imterplanetary Travel
Guide
　ISBN 978-7-5689-1748-3

　Ⅰ . ①星… Ⅱ . ①吉… ②郑… ③丁… Ⅲ . ①太阳系
– 青少年读物 Ⅳ . ① P18-49

中国版本图书馆 CIP 数据核字 (2019) 第 182870 号

星际旅行终极指南
XINGJI LVXING ZHONGJIZHINAN

［美］吉姆·贝尔　著

郑建川　丁一　译

责任编辑　王思楠
责任校对　刘志刚
装帧设计　韩　捷
责任印制　张　策

重庆大学出版社出版发行
出版人：饶帮华
社址：（401331）重庆市沙坪坝区大学城西路 21 号
网址：http://www.cqup.com.cn
印刷：北京利丰雅高长城印刷有限公司

开本：787mm×1092mm　1/16　印张：10　字数：258 千
2020 年 5 月第 1 版　　2020 年 5 月第 1 次印刷
ISBN 978-7-5689-1748-3　定价：88.00 元